Forschung und Praxis

Band 161

Berichte aus dem
Fraunhofer-Institut für Produktionstechnik
und Automatisierung (IPA), Stuttgart,
Fraunhofer-Institut für Arbeitswirtschaft
und Organisation (IAO), Stuttgart,
Institut für Industrielle Fertigung und
Fabrikbetrieb der Universität Stuttgart, und
Institut für Arbeitswissenschaft und
Technologiemanagement, Universität Stuttgart

Herausgeber: H. J. Warnecke und H.- J. Bullinger

Uwe Schweigert

Toleranzausgleichssysteme für Industrieroboter am Beispiel des feinwerktechnischen Bolzen-Loch-Problems

Mit 61 Abbildungen

Springer-Verlag
Berlin Heidelberg New York
London Paris Tokyo
Hong Kong Barcelona Budapest 1992

Dipl.-Ing. Uwe Schweigert

Fraunhofer-Institut für Produktionstechnik und Automatisierung (IPA), Stuttgart

Prof. Dr.-Ing. Dr. h. c. Dr.-Ing. E. h. H. J. Warnecke

o. Professor an der Universität Stuttgart
Fraunhofer-Institut für Produktionstechnik und Automatisierung (IPA), Stuttgart

Prof. Dr.-Ing. habil. H.-J. Bullinger

o. Professor an der Universität Stuttgart
Fraunhofer-Institut für Arbeitswirtschaft und Organisation (IAO), Stuttgart

D 93

ISBN-13: 978-3-540-55228-4   e-ISBN-13: 978-3-642-47948-9
DOI: 10.1007/978-3-642-47948-9

Gesamtherstellung: Copydruck GmbH, Heimsheim
62/3020−6 5 4 3 2 1 0

<u>Geleitwort der Herausgeber</u>

Futuristische Bilder werden heute entworfen:

o Roboter bauen Roboter,

o Breitbandinformationssysteme transferieren riesige Datenmengen in
  Sekunden um die ganze Welt.

Von der "menschenleeren Fabrik" wird da gesprochen und vom "papierlo-
sen Büro". Wörtlich genommen muß man beides als Utopie bezeichnen,
aber der Entwicklungstrend geht sicher zur "automatischen Fertigung"
und zum "rechnerunterstützten Büro". Forschung bedarf der Perspektive,
Forschung benötigt aber auch die Rückkopplung zur Praxis - insbesondere im Bereich der Produktionstechnik und der Arbeitswissenschaft.

Für eine Industriegesellschaft hat die Produktionstechnik eine Schlüs-
selstellung. Mechanisierung und Automatisierung haben es uns in den
letzten Jahren erlaubt, die Produktivität unserer Wirtschaft ständig
zu verbessern. In der Vergangenheit stand dabei die Leistungssteigerung
einzelner Maschinen und Verfahren im Vordergrund. Heute wissen wir, daß
wir das Zusammenspiel der verschiedenen Unternehmensbereiche stärker
beachten müssen. In der Fertigung selbst konzipieren wir flexible Fertigungssysteme, die viele verkettete Einzelmaschinen beinhalten. Dort,
wo es Produkt und Produktionsprogramm zulassen, denken wir intensiv
über die Verknüpfung von Konstruktion, Arbeitsvorbereitung, Fertigung
und Qualitätskontrolle nach. Rechnerunterstützte Informationssysteme
helfen dabei und sollen zum CIM (Computer Integrated Manufacturing)
führen und CAD (Computer Aided Design) und CAM (Computer Aided Manufacturing) vereinen. Auch die Büroarbeit wird neu durchdacht und mit
Hilfe vernetzter Computersysteme teilweise automatisiert und mit den
anderen Unternehmensfunktionen verbunden. Information ist zu einem
Produktionsfaktor geworden, und die Art und Weise, wie man damit umgeht,
wird mit über den Unternehmenserfolg entscheiden.

Der Erfolg in unseren Unternehmen hängt auch in der Zukunft entscheidend von den dort arbeitenden Menschen ab. Rationalisierung und Automatisierung müssen deshalb im Zusammenhang mit Fragen der Arbeitsgestal-
tung betrieben werden, unter Berücksichtigung der Bedürfnisse der Mitarbeiter und unter Beachtung der erforderlichen Qualifikationen. Investitionen in Maschinen und Anlagen müssen deshalb in der Produktion wie
im Büro durch Investitionen in die Qualifikation der Mitarbeiter be-
gleitet werden. Bereits im Planungsstadium müssen Technik, Organisation
und Soziales integrativ betrachtet und mit gleichrangigen Gestaltungs-
zielen belegt werden.

Von wissenschaftlicher Seite muß dieses Bemühen durch die Entwicklung
von Methoden und Vorgehensweisen zur systematischen Analyse und Verbesserung des Systems Produktionsbetrieb einschließlich der erforderlichen Dienstleistungsfunktionen unterstützt werden. Die Ingenieure
sind hier gefordert, in enger Zusammenarbeit mit anderen Disziplinen,
z. B. der Informatik, der Wirtschaftswissenschaften und der Arbeitswissenschaft, Lösungen zu erarbeiten, die den veränderten Randbedingungen
Rechnung tragen.

Beispielhaft sei hier an den großen Bereich der Informationsverarbei-
tung im Betrieb erinnert, der von der Angebotserstellung über Konstruktion und Arbeitsvorbereitung, bis hin zur Fertigungssteuerung und Qualitätskontrolle reicht. Beim Materialfluß geht es um die richtige Aus-

wahl und den Einsatz von Fördermitteln sowie Anordnung und Ausstattung
von Lagern. Große Aufmerksamkeit wird in nächster Zukunft auch der
weiteren Automatisierung der Handhabung von Werkstücken und Werkzeugen sowie der Montage von Produkten geschenkt werden.

Von der Forschung muß in diesem Zusammenhang ein Beitrag zum Einsatz
fortschrittlicher intelligenter Computersysteme erfolgen. Planungs-
prozesse müssen durch Softwaresysteme unterstützt und Arbeitsbedingun-
gen wissenschaftlich analysiert und neu gestaltet werden.

Die von den Herausgebern geleiteten Institute, das

- Institut für Industrielle Fertigung und Fabrikbetrieb der Universität
  Stuttgart (IFF),

- Fraunhofer-Institut für Produktionstechnik und Automatisierung (IPA),

- Fraunhofer-Institut für Arbeitswirtschaft und Organisation (IAO)

arbeiten in grundlegender und angewandter Forschung intensiv an den
oben aufgezeigten Entwicklungen mit. Die Ausstattung der Labors und
die Qualifikation der Mitarbeiter haben bereits in der Vergangenheit
zu Forschungsergebnissen geführt, die für die Praxis von großem
Wert waren. Zur Umsetzung gewonnener Erkenntnisse wird die Schriftenreihe "IPA-IAO - Forschung und Praxis" herausgegeben. Der vorliegende
Band setzt diese Reihe fort. Eine Übersicht über bisher erschienene
Titel wird am Schluß dieses Buches gegeben.

Dem Verfasser sei für die geleistete Arbeit gedankt, dem Springer-
Verlag für die Aufnahme dieser Schriftenreihe in seine Angebotspa-
lette und der Druckerei für saubere und zügige Ausführung. Möge das
Buch von der Fachwelt gut aufgenommen werden.

H. J. Warnecke · H.-J. Bullinger

<u>Vorwort</u>

Die vorliegende Arbeit entstand während meiner Tätigkeit als wissenschaftlicher Mitarbeiter am Fraunhofer-Institut für Produktionstechnik und Automatisierung (IPA), Stuttgart.

Mein besonderer Dank gilt Herrn Prof. Dr.-Ing. Dr.h.c. Dr.-Ing. E.h. H.-J. Warnecke, der mir die Durchführung der Arbeit an seinem Institut ermöglicht hat.

Herrn Prof. Dipl.-Ing. A. Jung danke ich für die Übernahme des Mitberichts und die vielen wertvollen Hinweise, die sich daraus ergaben.

Für die vielen Anregungen und die Kritik bei der schriftlichen Ausarbeitung danke ich Herrn Dr.-Ing. G. Schlaich, Herrn Dr.-Ing. G. Fischer, Herrn Dr.-Ing. H. Emmerich und Herrn Dr.-Ing. M. Schweizer. Besonders erwähnen möchte ich Herrn Dipl.-Ing. Helge Hartlieb, Herrn Dipl.-Ing. Thomas Lengenfelder, Herrn Dipl.-Ing. Arian Leonard, Herrn Dipl.-Ing. Wolfgang Andreasch und Herrn Dipl.-Ing. Joachim Schramm. Ihnen allen, ebenso wie den Studenten, die an dieser Arbeit mitgewirkt haben, gilt mein herzlicher Dank.

Stuttgart, im November 1991   Uwe Schweigert

INHALTSVERZEICHNIS

0 <u>Abkürzungen und Formelzeichen</u>

<u>Großbuchstaben</u>

A_F	mm^2	Fügeteilquerschnitt
A_{FS}	mm^2	Stirnfläche des Fügeteils
$A_{x,y,z}$	V	Spannungskennwerte (in Volt) für die Richtung der Korrekturbewegung
BB	-	Basisteilbohrung
BT	-	Basisteil
CCD	-	Charge Coupled Device
D	mm	Innendurchmesser Basisteilbohrung
DMS	-	Dehnmeßstreifen
$D_{x,y,z}$	V	Spannungskennwerte (in Volt) für die Richtung der Korrekturbewegung
E_F	N/mm^2	Elastizitätsmodul des Fügeteils
E_{BF}	N/mm^2	Elastizitätsmodul Blattfedern
F	N	Kraft
$\hat{F}$	N	maximale Erregerkraft
F_F	N	resultierende Fügekraft
F_G	N	Greifkraft
F_K	N	Knicklast
$F_{lx,y,z}$	N	Kraftkomponenten für linke Kraftaufnehmer
$F_{rx,y,z}$	N	Kraftkomponenten für rechte Kraftaufnehmer
F_S	N	Schwenkkraft
FT	-	Fügeteil
GB	-	Greiferbacke
I_{BF}	mm^4	Trägheitsmoment der Blattfedern
I_F	mm^4	Trägheitsmoment des Fügeteils
IR	-	Industrieroboter
K_1	s^{-1}	Korrekturfaktor für Frequenzverhältnis
K_2	-	Korrekturfaktor für inhomogene Trajektorien
K_3	-	Korrekturfaktor für Phasenverschiebung
K_B	-	Krümmungsfaktor für gebogene Blattfedern
LED	-	Leuchtemissionsdiode
$\hat{M}$	Nm	maximales Motormoment
M_K	Nm	Kippmoment
N	-	magnetischer Nordpol

P	-	Aufsetzpunkt des Fügeteils
PC	-	Personalcomputer
PI	-	Piezotranslatoren
PSD	-	Position Sensing Detector
PV	-	Leistungsverstärker für Piezotranslatoren
$R_{1,2}$	Ω	elektrischer Widerstand
RCC	-	Remote Center Compliance
S	-	magnetischer Südpol
S_0	-	Drehpunkt
$S_{lx,y,z}$	V	elektrische Kippsignale am linken Kraftaufnehmer
$S_{rx,y,z}$	V	elektrische Kippsignale am rechten Kraftaufnehmer
S_S	-	Staupunkt
SCARA	-	Selective Compliance Assembly Robot Arm
T	s	Periodendauer einer Schwingung
TKF	-	Toleranzkompensationsfeld
U	V	Sensorspannung
U_{aus}	V	Ausgangsspannung
$U_{\Delta P}$	V	Mindeststellwert der Feinpositionierung
U_{ein}	V	Eingangsspannung
$U_{Fx,y}$	V	Feinpositionierspannung
$U_{lx,y,z}$	V	Ausgangsspannungen am linken Kraftaufnehmer
U_P	V	Stellbereich der Piezotranslatoren
$U_{rx,y,z}$	V	Ausgangsspannungen am rechten Kraftaufnehmer
$U_{Sx,y}$	V	Sensorspannung
$U_{X0,Y0}$	V	Sensorsollwert
X_0, Y_0	-	programmierte Fügeposition

<u>Kleinbuchstaben</u>

a	mm	Abstand der Trajektorienknotenpunkte (idealisiert)
a'	mm	Abstand der Trajektorienknotenpunkte (real)
a_l	mm	Abstand der Suchlinien
a_r	mm	Rasterabstand der Suchpunkte
a_S	mm	Abstand der Spirallinien
a_T	mm	Trajektorienabstand
a_{Tm}	mm	maximaler Trajektorienabstand
b_1	kg/s	Dämpfungskonstante
c	N/mm	Federsteifigkeit

c_1	N/mm	Steifigkeit des Schwingungsmoduls
c_2	N/mm	Steifigkeit des Piezotranslators
$c_{Fx,y,z}$	N/mm	Federsteifigkeit der Blattfedern
$c_{x,y,z}$	N/mm	Zug-Druck-Steifigkeit des Vibrationswerkzeugs
$c_z{}'$	N/mm	Drehsteifigkeit des Vibrationswerkzeug
d	mm	Durchmesser Fügeteil
d_z	mm	Innendurchmesser Zentrierrohr
e	mm	Exzentrizität in der Fügequerschnittsebene
$e_{xm,ym}$	mm	maximale Exzentrizität in x- und y-Richtung
$f_{x,y}$	s^{-1}	Schwingungsfrequenzen in x- und y-Richtung
h_T	mm	Steigung der Taumelscheibe
h_Z	mm	Höhe des Zentrierrohrs über dem Basisteil
i	-	Zählvariable
l_{BF}	mm	Länge der Blattfedern
l_F	mm	Länge des Fügeteils
l_{Fm}	mm	maximaler Fügeeingriffsweg
l_{Ff}	mm	freie Länge des Fügeteils
l_{FG}	mm	Länge des Fügeteils im Greifer
$\dot{m}_B$	kg/s	Massenstrom durch die Basisteilbohrung
$\dot{m}_Z$	kg/s	Massenstrom durch das Zentrierrohr
m	kg	Masse
m_1	kg	Systemmasse
m_2	kg	Kolbenmasse
n	-	Zählvariable
n_F	-	Anzahl Federelemente
p	bar	Druck
q	mm	Systemweg
r_g	mm	Kippradius Greiferplatte
s_{Gi}	mm	maximaler Greiferöffnungsweg in Position i
s_{GF}	mm	maximaler Greiferöffnungsweg in Fügestellung
s_i	mm	Rautenlänge (idealisiert)
$s_i{}'$	mm	Rautenlänge (real)
s_k	mm	Kolbenweg
t	s	Zeit
t_{ab}	s	Fügezeitanteil in der Abschlußphase
t_{Fm}	s	Fügevorgangszeit bei berührendem Verfahren
t_{Fo}	s	Fügevorgangszeit bei berührungslosem Verfahren
t_{fpos}	s	Feinpositionierzeit

t_{kon}	s	Fügezeitanteil in der Kontaktphase
t_{ori}	s	Fügezeitanteil in der Orientierungsphase
t_s	s	Suchzeit
t_{sen}	s	Meßzeit für die sensorische Positionsbestimmung
t_{sm}	s	maximale Suchzeit
t_v	s	Verzögerungszeit
u	mm	Kolbenweg
x,y,z	mm	Raumkoordinaten
$\hat{x},\hat{y}$	mm	Schwingungsamplituden
x_r,y_r	mm	normierte Schwingungswege

Griechische Buchstaben

$\alpha_{x,y}$	°	Winkelfehler von Fügeteil und Basisteil
β	°	Hilfswinkel
γ	°	Hilfswinkel
δ	s^{-1}	Abklingkonstante
Δd	mm	Fügespiel
Δl	mm	Stellweg Piezotranslator
Δl_o	mm	maximaler Stellweg Piezotranslator
ε	mm	Hilfsgröße
π	-	Kreiszahl
ω	s^{-1}	Erregerkreisfrequenz
ω_o	s^{-1}	Eigenkreisfrequenz
φ	°	Phasenverschiebung zweier Schwingungen
Φ	Vs	Magnetischer Fluß
σ_{dF}	N/mm^2	Druckfließgrenze
σ_{zul}	N/mm^2	zulässige Spannung

Häufig eingesetzte Indizes

i	Zählvariable
max	maximal
min	minimal
x,y,z	x-, y-, z-Richtung

1   <u>Einleitung</u>

1.1   <u>Problemstellung</u>

Mehrere Untersuchungen und Studien weisen den Montagebereich als einen Schwerpunkt zukünftiger Technologieentwicklungen und Rationalisierungsmaßnahmen in der Produktion aus /1,2/. Der verstärkte Trend zu kürzeren Durchlaufzeiten, verbunden mit kleineren Losgrößen, stellt ebenso wie kürzere Produktlebensdauern erhöhte Anforderungen an die Flexibilität von Montagesystemen. Dieser Entwicklung wird durch einen zunehmenden Einsatz von Industrierobotern in flexibel automatisierten Montagesystemen Rechnung getragen /3/. Für eine durchgängige Automatisierung der Montage werden neben den am Markt verfügbaren Standardkomponenten flexible Greifsysteme, Werkzeuge mit Prozeßintegration (z.B. Löten, Kleben), Toleranzausgleichssysteme, Fügestrategien und Komponenten für eine Sicherstellung der Werkzeugfunktionen und Überwachung des Montageprozesses benötigt. Entsprechende Systeme erfordern einen verstärkten Einsatz von Sensoren, der durch die jüngsten Entwicklungen auf diesem Gebiet ermöglicht wird /4/.

Ein großes Rationalisierungspotential existiert in der feinwerktechnischen Industrie mit insgesamt 58.282 Betriebsstätten und 1.676.271 Beschäftigten in der Bundesrepublik Deutschland 1987 /5/. Die unterschiedlichen Branchen der Feinwerktechnik (<u>Bild 1</u>) zeichnen sich gemeinsam, verglichen mit anderen Industriezweigen, durch den weitaus höchsten Anteil der Montagekosten an den Herstellkosten ihrer Produkte aus /1/. Gegenüber der Kleinteilemontage mit den bisher meisten Industrieroboteranwendungen bestehen in der Feinwerktechnik höchste montagetechnische Anforderungen und Qualitätsansprüche, die eine extreme Genauigkeit der Geräte bedingen. Automatisierte Lösungen existieren daher nur im Bereich der Massenfertigung (Uhrenindustrie, Elektronikfertigung) mit starren Montageautomaten und geringer Flexibilität. Der geringe Automatisierungsgrad bei der Montage kleiner und mittlerer Serien hat u.a. folgende Gründe /6/:

- hohe Typen- und Variantenvielfalt,
- kleine Losgrößen,
- technische Automatisierungshemmnisse,
- fehlende montagegerechte Produktgestaltung,
- Defizit an flexiblen Automatisierungskomponenten.

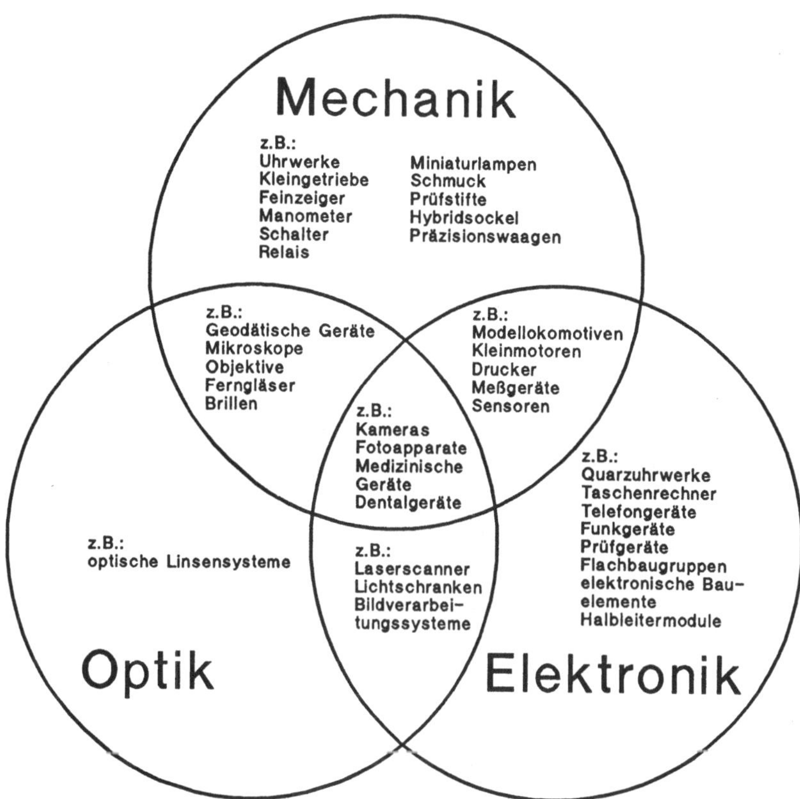

<u>Bild 1:</u> Branchen und Beispiele feinwerktechnischer Produkte

Hohe Lohnkosten, bedingt durch lange Montagezeiten, sowie extreme Genauigkeits- und Qualitätsanforderungen bei der Montage, die die menschlichen Fertigkeiten häufig überschreiten, erfordern den Einsatz flexibel automatisierter Montagesysteme für feinwerktechnische Produkte aus wirtschaftlicher und technischer Sicht gleichermaßen.

Durch die Entwicklung der Robotertechnologie /7/ und neuer Sensoren sind die Grundvoraussetzungen für eine flexibel automatisierte Montage feinwerktechnischer Produkte gegeben. Erste Lösungsansätze bestehen bereits in Fernost /8/. Ein verbreiteter industrieller Einsatz erfordert jedoch die Entwicklung geeigneter Fügeverfahren und neuer Roboterwerkzeuge /9/.

1.2   Zielsetzung und Vorgehensweise

Neben einem Mangel an universell einsetzbaren, praxisreifen Automatisierungstechniken für die Montage feinwerktechnischer Produkte in kleinen und mittleren Serien, besteht ein erhebliches Defizit an grundlegenden Erkenntnissen über Automatisierungshemmnisse und Lösungsansätze zu deren Beseitigung. Ziel dieser Arbeit ist es daher, den Wissensstand über das Problemfeld "Montage feinwerktechnischer Produkte" zu erhöhen und hierfür geeignete Toleranzausgleichssysteme für Industrieroboter zu entwickeln. Die erarbeiteten Gesamtkonzepte sollen durch eine Kombination von problemspezifischen Verfahren und Komponenten gebildet werden und einen breiten Anwendungsbereich abdecken. Um einen raschen und erfolgreichen Einsatz von Industrierobotern bei der Montage feinwerktechnischer Produkte in der industriellen Praxis zu ermöglichen, soll die Wissensbasis auch konstruktive Lösungen für Roboterwerkzeuge und Peripheriekomponenten sowie Betriebskennwerte und Einsatzparameter umfassen.

Basierend auf einer branchenübergreifenden Analyse des Istzustandes in der Montage und ausgewählter feinwerktechnischer Montageaufgaben werden Automatisierungshemmnisse aufgezeigt und notwendige Entwicklungsschritte abgeleitet. Unter Berücksichtigung des gegenwärtigen Standes der Technik und Einbeziehung bekannter Planungsverfahren /10,11/ werden Anforderungsprofile an flexibel automatisierte Montagesysteme für feinwerktechnische Produkte und deren Teilsysteme aufgestellt.

Um einen Ausgleich von Positionsabweichungen der Werkstücke bei der Montage zu ermöglichen, werden Lösungskonzepte für Toleranzausgleichssysteme erarbeitet. Anwendungsbereiche der Systemprinzipien werden untersucht und einander vergleichend gegenübergestellt. Für mögliche Konfigurationen des Gesamtsystems wird ein Lösungskatalog erstellt.

Um die Anforderungen an die Präzision der verwendeten Geräte und Werkzeuge zu reduzieren und einen Fügeprozeß mit einfachen, am Markt verfügbaren Komponenten zu ermöglichen, werden Verfahren für den Toleranzausgleich entwickelt und Einsatzkennwerte anhand von Funktionsmustern experimentell ermittelt. Zur Realisierung eines Gesamtsystems als Versuchsträger ist die Entwicklung entsprechender Werkzeuge und Peripheriekomponenten erforderlich. Mit der realisierten Versuchsanlage werden ausgewählte Fügeverfahren erprobt und Einsatzmöglichkeiten und -grenzen bestimmt.

2   Ausgangssituation

2.1   Begriffe und Definitionen

Im Zusammenhang mit Montage, Greif- und Fügeprozessen verwendete Begriffe werden im folgenden erläutert. In der Literatur bisher nicht bestimmte oder unterschiedlich gebrauchte Begriffe werden definiert, soweit sie für das Verständnis der vorliegenden Arbeit von Bedeutung sind.

Die Begriffe Montage, Fügen, Industrieroboter und Sensor werden in der VDI-Richtlinie 2860 /12/, der DIN 8593 /13/ und bei SCHRAFT /14/ definiert. Bereitstellen, Zuführen und Positionieren sowie die Bezeichnungen Werkstücktypen und -varianten sind in /11/ erläutert. Die Begriffe Fügebewegung, Fügeteil, Basisteil, Fügeort, Fügelänge und Fügeraum können /10/, Mehrstellenkontakt, Greifraum, Kontaktfläche, Fügequerschnittsachse und Fügestrategie /15,16/ entnommen werden. Die Bezeichnungen Exzentrizität und Winkelfehler werden analog SCHWEIZER /17/ gebraucht. Anhand von Bild 2.1 werden Begriffe für den Greif- und Fügeprozeß bei der Montage feinwerktechnischer Produkte definiert.

Die Fügequerschnittsebene beschreibt eine Fläche senkrecht zur Fügeachse des Basisteils. Der Fügequerschnitt ist der Querschnitt des Fügeteils in der Fügequerschnittsebene.

Das Fügespiel einer Fügepaarung bezeichnet die Bewegungsmöglichkeiten eines gefügten Fügeteils im Basisteil in der Fügequerschnittsebene. Bei zylindrischen Werkstücken resultiert das für die Montage relevante kleinste Fügespiel aus der Differenz von größtmöglichem Außenmaß des Fügeteils und kleinstmöglichem Innenmaß der Basisteilbohrung.

Der Fügeweg wird durch die Länge des Fügeteils bestimmt, die in das Basisteil gefügt wird. Die sich beim Fügevorgang innerhalb des Basisteils befindliche Länge des Fügeteils wird als Fügeeingriffsweg bezeichnet.

Das Toleranzkompensationsfeld bezeichnet den Bereich in der Fügequerschnittsebene, innerhalb dessen ein Ausgleich von Positionierfehlern des Montagesystems und von Werkstücktoleranzen durch Korrekturbewegungen eines Toleranzausgleichssystems ermöglicht wird.

A_{FS} ... Stirnfläche des Fügeteils
BB ... Basisteilbohrung
BT ... Basisteil
d ... Durchmesser Fügeteil
D ... Durchmesser Basisteilbohrung
e ... Exzentrizität in der Fügequer-
schnittsebene
F_F ... Fügekraft
F_G ... Greifkraft
FT ... Fügeteil
GB ... Greiferbacke
I_F ... Länge des Fügeteils
I_{Ff} ... freie Länge des Fügeteils

I_{FG} ... Länge des Fügeteils im Greifer
I_{Fm} ... maximaler Fügeeingriffsweg
s_{GF} ... maximaler Greiferöffnungsweg in
Fügestellung
s_{GI} ... maximaler Greiferöffnungsweg in
Position i
$\propto$ ... Winkel der Fügequerschnittsachsen
von Füge- und Basisteil

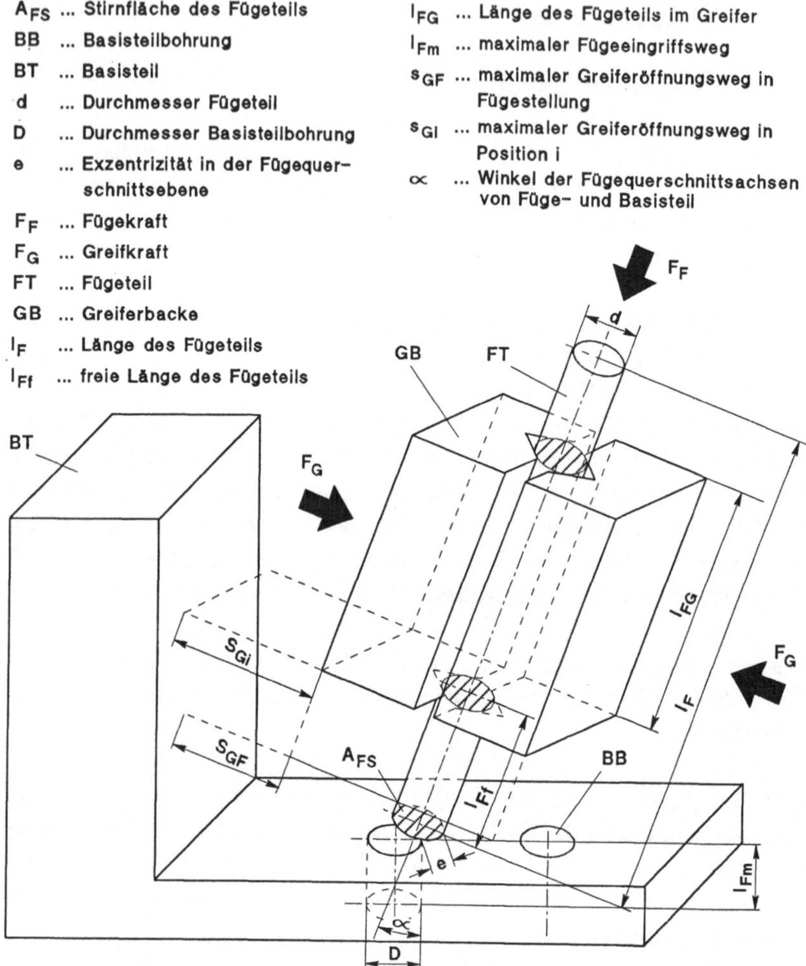

<u>Bild 2.1:</u>　Definition von Begriffen für den Greif- und Fügeprozeß

In <u>Bild 2.2</u> wird der Begriff <u>Toleranzausgleich</u> definiert und eine Einteilung von Verfahren für den Toleranzausgleich vorgenommen. In der Literatur teilweise widersprüchlich verwendete Bezeichnungen für Toleranzausgleichsmethoden /18,19,20/ werden hinsichtlich der eingesetzten Sensorik und Positionierung gegeneinander abgegrenzt. Die in dieser Arbeit verwendeten Begriffe geregelte, gesteuerte und ungesteuerte Verfahren für den Toleranzausgleich werden definiert.

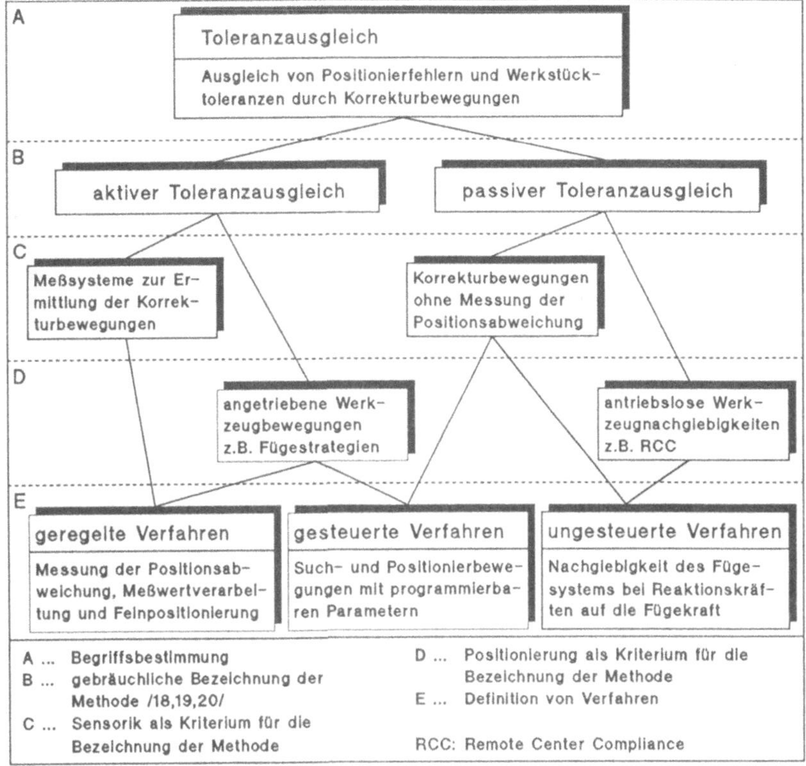

__Bild 2.2:__ Begriffsbestimmungen und Definitionen zum Toleranzausgleich

2.2 Stand der Technik

2.2.1 Automatisierte Montagesysteme für feinwerktechnische Produkte

Die Montage in der Feinwerktechnik wird bisher bei kleinen bis mittleren Stückzahlen meist manuell, bei großen Stückzahlen mit starren Montageautomaten geringer Flexibilität durchgeführt /21/. In der Großserienfertigung wie beispielsweise
der Uhrenindustrie wurden die Voraussetzungen für eine Montageautomatisierung
bereits frühzeitig durch eine konsequente montagegerechte Produktgestaltung
geschaffen /22/. Die realisierten, starren Montageautomaten weisen in zunehmendem Maße eine Umbau- und Umrüstflexibilität auf /23/, erfüllen damit jedoch
heutige Flexibilitätsanforderungen nur bedingt. Der hohen Variantenvielfalt bei re-

lativ kleinen Produktionslosen werden in der Uhrenindustrie lediglich einige Robotermontagelinien in Fernost gerecht /24/.

Die Montage feinwerktechnischer Produkte erfolgt in einigen Bereichen durch Vorrichtungen und Hilfswerkzeuge mechanisiert. Ein Defizit an praxisreifen, am Markt verfügbaren Standardkomponenten verhindert bisher eine durchgängige Automatisierung /25/. Lediglich Greifwerkzeuge sind in verschiedenen, teilweise standardisierten Ausführungsformen am Markt erhältlich /26/, die sich in der Art der Kraftaufbringung, Kraftübertragung und Greiferkinematik unterscheiden /27,28/. Flexibilitätsanforderungen werden hier von Mehrfachgreifern, Greifer- und Greiferbackenwechselsystemen sowie durch den Einsatz von programmierbaren Greifern erfüllt /26/. Noch im Versuchsstadium befinden sich adaptive Greifsysteme /29/ und taktile Greifer /30/. Labormuster reichen bis zu feinfühligen Nachempfindungen der menschlichen Hand /31/.

Vereinzelte industrielle Roboteranwendungen existieren bereits bei der Vormontage mechanischer Bauteile unter Verwendung hochgenauer Kleinroboter /32, 33/. Weitere Beispiele finden sich bei der Montage elektromechanischer Bauteile, die geringere Genauigkeitsanforderungen besitzen /34/. Basis dieser Industrierobotereinsätze bildet durchweg eine konsequente automatisierungsgerechte Gestaltung der Bauteile. Japan nimmt hier eine Vorreiterrolle ein /8/. Weitere Sonderlösungen mit problemspezifisch entwickelten Roboterwerkzeugen bleiben häufig im Versuchsstadium stecken. So kamen Lösungen zum Einhaken von Zugfedern mit komplexen Fügebewegungen /35/, zur Montage hochwertiger Geräte /36/ und optischer Systeme /37/ sowie für das Justieren im Feingerätebau /38/ über eine Laborphase nicht hinaus. Aus Standardkomponenten aufgebaute Lösungen existieren bisher nicht.

Die für eine durchgängige Montageautomatisierung erforderlichen konstruktiven Produktänderungen sind größtenteils aus technologischen und wirtschaftlichen Gründen nicht möglich. Bestehende automatisierte Montagesysteme verwenden aufgabenspezifische Sonderwerkzeuge, die auf ähnliche oder allgemeine Problemstellungen nicht übertragen werden können. Insbesondere für den Toleranzausgleich bei für die Feinwerktechnik typischen, kleinsten Fügespielen sind keine praxistauglichen Lösungen bekannt. Die Verwendung hochgenauer Industrieroboter löst diese Aufgabe nur teilweise, da Werkstück- und Werkzeugtoleranzen durch die Genauigkeit des Handhabungssystems nicht ausgeglichen werden können.

2.2.2 <u>Toleranzausgleichssysteme</u>

Seit Anfang der 70er Jahre wurden viele Untersuchungen über Fügemethoden durchgeführt und Fügemechanismen entwickelt. Für einige ausgewählte Anwendungsgebiete konnten Versuchsanlagen mit Industrierobotern realisiert und Verfahren und Werkzeuge für den Toleranzausgleich erprobt werden. Grundlegende Erkenntnisse über den Fügeprozeß und Möglichkeiten zum Toleranzausgleich konnten für das Schrauben /39,40/, bei der Kabelbaummontage /41,42/ und Schlauchmontage /16,43/ sowie für die Leiterplattenbestückung /44/ mit Industrierobotern erlangt werden. Richtverfahren erlauben den Ausgleich von Werkstücktoleranzen /45/. Die Ergebnisse dieser Arbeiten können jedoch nicht auf die Problemstellungen in der Feinwerktechnik angewandt werden.

Bei vereinfachter Betrachtung können Fügevorgänge grundsätzlich auf das Bolzen-Loch-Problem zurückgeführt werden. Theoretische Untersuchungen zur Bolzen-Loch-Problematik sind aus der Literatur bekannt /46,47,48/. In Anlehnung an /20,49/ wurden am Bolzen-Loch-Problem experimentell untersuchte Verfahren für den Toleranzausgleich in Funktionsprinzipien unterschieden und die mit Hilfe von Laboreinrichtungen ermittelten Einsatzkennwerte einander vergleichend gegenübergestellt (<u>Bild 2.3</u>).

Verfahren mit Messung der Positionsabweichung und anschliessender Feinpositionierung können in berührungslos und berührend messende Verfahren eingeteilt werden. Die mögliche Auflösung der verwendeten Sensorik bestimmt in Verbindung mit Positioniergenauigkeit und Arbeitsbereich der Feinpositioniereinrichtung die ausgleichbaren Positionsabweichungen und kleinstmöglichen Fügespiele der Bolzen-Loch-Paarung. Berührungslos messende Systeme mit hoher Auflösung erlauben bisher keine gemeinsame Messung der Positionsabweichung von Füge- und Basisteil. Daher können neben den Toleranzen des Montagesystems nur Toleranzen eines Werkstückes ausgeglichen werden. Taktile Fügeverfahren mit Kraft-Momenten-Sensorik erreichen Fügespiele von bis zu 0,02 mm, erfordern jedoch auch die weitaus längsten Fügezeiten. Suchstrategien ohne zusätzliche Positionsmessungen ermöglichen kürzere Fügezeiten, erzielen bisher aber für den industriellen Einsatz nur unzureichende Verfügbarkeiten. Bei vibrationsunterstützten Fügeverfahren konnten nur Fügespiele von 0,1 mm erreicht werden. Nachgiebige Fügesysteme wie beispielsweise das Remote Center Compliance (RCC) nutzen die beim Fügevorgang auftretenden Reaktionskräfte für den Toleranzausgleich. Dabei sind Fasen an den Werkstücken erforderlich.

Toleranzausgleichssysteme		minimales Fügespiel	Positions- abweichung	Fasen nötig	Sensorik für den Toleranzausgleich
Messung der Positionsabweichung und Feinpositionierung	Systeme mit optischen Sensoren /50,51/	0,05 mm	2,0 mm	nein	– Bildverarbeitung – Lasermeßsystem
	Systeme mit pneumatischen Sensoren /52/	0,04 mm	3,0 mm	nein	– pneumatischer Sensor
	Sonstige berührungslose Systeme /53/	0,1 mm	5,0 mm	nein	– Ultraschallsensor – Näherungssensor
	Systeme mit Kraft-Momen- ten-Sensorik /54,55,56/	0,02 mm	2,0 mm	nein	– Dehnmeßstreifen – Kraftmeßdose
	Nachgiebige Systeme mit Wegmeßsystem /57–60/	0,05 mm	5,0 mm	nein	– Fotosensor – Näherungssensor
	Sonstige taktile Systeme /61/	0,1 mm	2,0 mm	nein	– Matrixtaster
Anwendung von Suchstrategien	Schwingungsunterstützte Systeme /41,62,63/	0,1 mm	0,4 mm	nein	——
	Luftstromunterstützte Systeme /66/	0,04 mm	4,0 mm	ja	——
	Suchsysteme mit taktiler Sensorik /41,61/	0,02 mm	beliebig	nein	– Tastsensor
Nachgiebige Fügesysteme	Nachgiebige Systeme mit festen Parametern /67–70/	0,01 mm	1,0 mm	ja	——
	Nachgiebige Systeme mit anpaßbaren Parametern /71/	0,01 mm	1,0 mm	ja	– Näherungssensor

<u>Bild 2.3:</u>   Toleranzausgleichssysteme für das Bolzen-Loch-Problem

Die in Zusammenhang mit dem Bolzen-Loch-Problem entwickelten Toleranzausgleichsmethoden eignen sich bei fasenlosen Werkstücken für Fügespiele bis zu
0,02 mm. Bei feinwerktechnischen Montageaufgaben auftretende Fügespiele im
Mikrometerbereich mit im Verhältnis dazu sehr großen Werkstücktoleranzen können mit dem Stand der Technik nicht erreicht werden. Empfindliche Werkstücke
erfordern Toleranzausgleichssysteme mit berührungsloser Sensorik. Mit den bisher bekannten Methoden können nur Fügespiele bis 0,05 mm bei für den Produk-
tionseinsatz unvertretbar hohen Taktzeiten erreicht werden. Für die Anforderungen
in der Feinwerktechnik geeignete Toleranzausgleichssysteme sind bisher nicht
bekannt.

3 Analyse der Montageaufgabe und Ableitung von Anforderungen an programmierbare Montagesysteme für feinwerktechnische Produkte

3.1 Analyse der Montageaufgabe

3.1.1 Produktspektrum

Feinwerktechnische Produkte werden in mehreren Branchen mit umfangreichen Produktspektren gefertigt /5/. Zur Darstellung des Einsatzfeldes und Quantifizierung der Aufgabenstellung "Montage feinwerktechnischer Produkte" muß das Produktspektrum für übertragbare Problemstellungen eingegrenzt werden. Eine bei kleinen und mittelständischen Unternehmen in Baden-Württemberg durchgeführte Datenerhebung liefert die benötigten Werte:

- Stückzahlen,
- Typen- und Variantenvielfalt,
- Losgrößen,
- typische Werkstückmerkmale,
- typische Montageumfänge und
- Automatisierungshemmnisse.

Die Herstellung elektronischer Bauelemente in Massenfertigung ohne Variantenbildung (mehrere Mrd. Stck/a) stellt keinen Einsatzbereich für Industrieroboter dar und wird bei der Auswertung der ermittelten Daten ebensowenig berücksichtigt wie der Bereich Leiterplattenbestückung, der bereits von WOLF /44/ gesondert betrachtet wurde. In der Erhebung wurden die Daten für 45 Firmen aus 6 Branchen ausgewertet.

Das vorliegende Typen- und Stückzahlspektrum (Bild 3.1) muß für die Untersuchung möglicher Industrierobotereinsatzfälle um in Massenproduktion hergestellte Produkte reduziert werden. Dabei handelt es sich um Uhrwerke und einige Produkte aus der Branche Elektronikzubehör. 83 % der untersuchten Produkte werden in Stückzahlen zwischen 100.000 und 1 Mio Stck/a produziert. Dies entspricht 400 bis 4000 Stück pro Tag, einem für den Einsatz von Industrierobotern in der Kleinteilemontage geeigneten Stückzahlbereich. Schwankende Variantenanzahlen zwischen 10 und 3000 und typische Losgrössen zwischen 10 und 5000 erfordern ebenfalls den Einsatz flexibler Betriebsmittel.

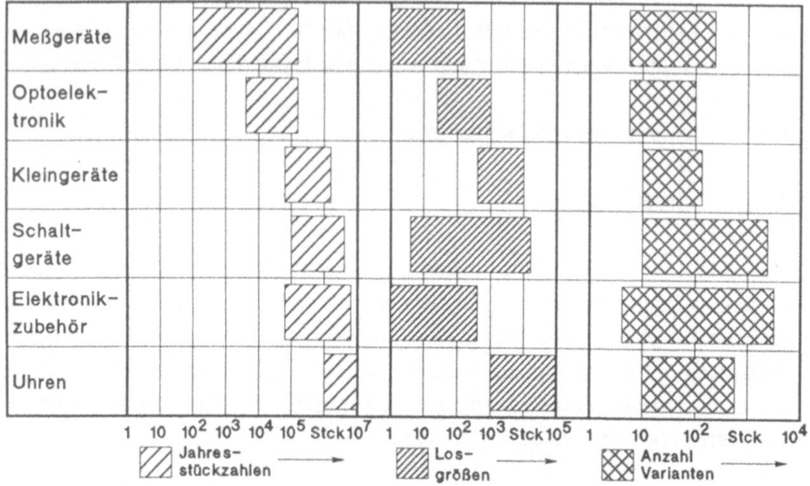

<u>Bild 3.1:</u> Jahresstückzahlen, Losgrößen und Variantenvielfalt branchen-
typischer Produkte (Basis: 45 Firmen aus 6 Branchen)

Eine branchenabhängige Untersuchung der Produktvolumina und Arbeitsumfänge
bei der Montage feinwerktechnischer Produkte ergab, daß 7 % der analysierten
Produkte ein Produktvolumen von mehreren m^3 und Montagevorgabezeiten von
mehreren Tagen besitzen. Dabei handelt es sich um Meßgeräte und einige Schalt-
geräte. Eine Untersuchung von Baugruppen in der Vormontage dieser Geräte liefert dasselbe Ergebnis, das sich für die übrigen 93 % der untersuchten Produkte
ergibt:

- Produktvolumina zwischen 5 mm^3 und 100 cm^3,
- Vorgabezeiten für die manuelle Montage zwischen 6 s und 50 min,
- Anzahl Fügeteile zwischen 3 und 200 Stück je Basisteil.

Um das in Form von Produktionszahlen und Montageumfängen erfaßte Rationalisierungspotential beurteilen zu können, wurden die Firmen über die derzeit beste-
henden Automatisierungshemmnisse befragt und deren Rangfolge nach organi-
satorischen und technischen Hemmnissen getrennt gebildet (<u>Bild 3.2</u>). Wichtigste
Automatisierungshemmnisse sind neben kleinen Losgrößen und hoher Typen-
und Variantenvielfalt die Kleinheit der toleranzbehafteten Werkstücke sowie kleine
Fügespiele bei fehlenden Fasen.

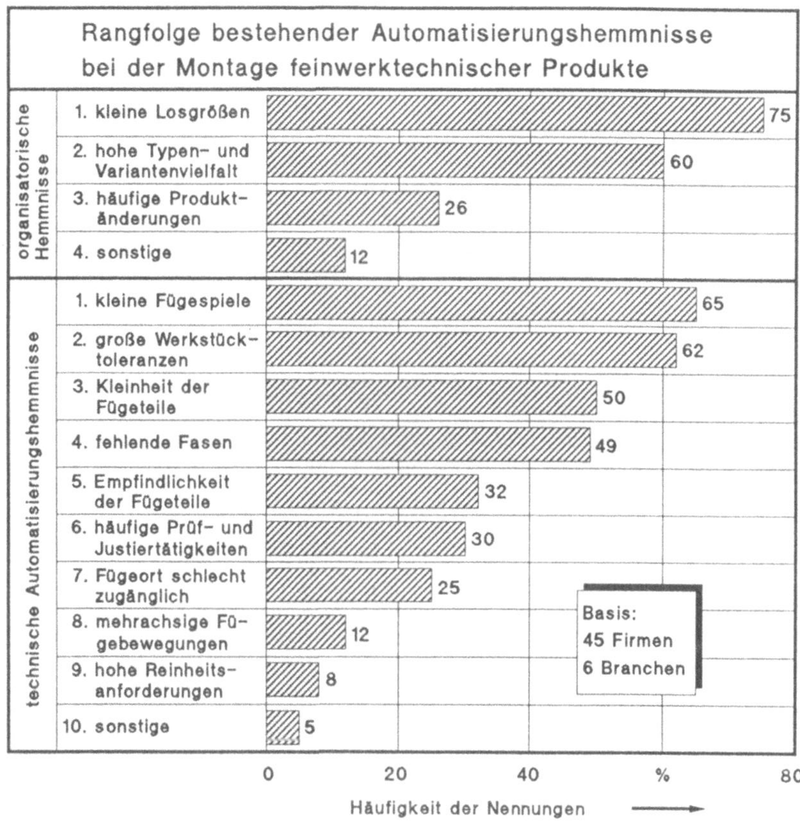

Bild 3.2: Häufigkeit von Automatisierungshemmnissen (Mehrfachnennungen möglich)

3.1.2 Analyse ausgewählter Montageaufgaben

Auf Basis der Datenerhebung wurden Montageaufgaben mit übertragbaren Problemstellungen ausgewählt und mit Hilfe eines Erhebungsinstrumentariums /72/ hinsichtlich Werkstückspektrum, Montagevorgängen und Toleranzen analysiert. Außerdem wurden Arbeitsplatzanalysen vor Ort bei 8 Firmen für 10 ausgewählte Produkte mit insgesamt 168 Füge- und Basisteilen durchgeführt . Umfang und Ablauf der Analyse können Bild 3.3 entnommen werden.

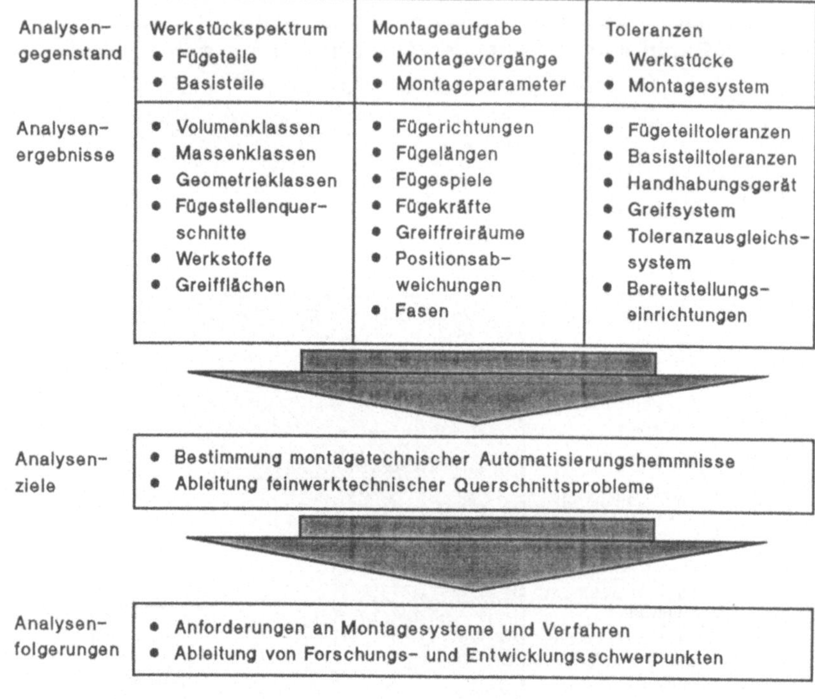

Bild 3.3: Ablauf der Analyse

3.1.2.1 Analyse des Werkstückspektrums

Mit der Analyse des Werkstückspektrums sollen Erkenntnisse über die Handhabbarkeit und montagefreundliche Gestaltung der Werkstücke sowie geometrische Verhältnisse bei der Montage feinwerktechnischer Produkte gewonnen werden. Anhand von 168 stichprobenartig ausgewählten Füge- und Basisteilen erfolgt eine Klassifizierung der Werkstücke nach Größe, Gewicht, Geometrie und Fügestellenquerschnitt.

Mit einer Bestimmung von Volumen- und Massenklassen kann die Handhabbarkeit der Werkstücke beurteilt werden. Für feinwerktechnische Montageaufgaben und die weiteren Betrachtungen werden Fügeteile deshalb gemäß Bild 3.4 untergliedert in:

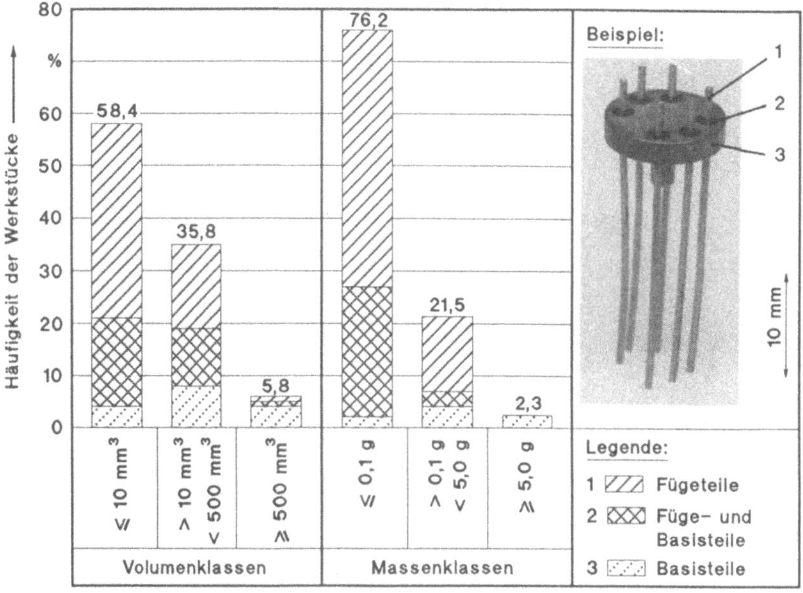

Bild 3.4: Volumen- und Massenklassen (Basis: 10 Produkte, 168 Füge- und Basisteile)

- "Fügekleinstteile" mit einem Volumen unter 10 mm^3,
- "Fügekleinteile" mit einem Volumen von 10 bis 500 mm^3,
- "Fügegroßteile" mit einem Volumen über 500 mm^3.

Bei 94,2 % der untersuchten Werkstücke handelt es sich um Fügeklein- und Fügekleinstteile mit einer Masse von unter einem Gramm. Unterschieden werden außerdem Werkstücke, die bei der Montage ausschließlich als Fügeteile oder als Basisteile verwendet werden und Fügeteile, die bei nachfolgenden Montageoperationen zu Basisteilen werden. 28,0 % aller Werkstücke sind sowohl Füge- als auch Basisteile (Bild 3.4).

Für die Bestimmung von Greifmöglichkeiten sind neben der Größe auch die Geometrie und Außenkontur der Werkstücke von Bedeutung (Bild 3.5). Einer umfangreichen Werkstückstatistik /73/ zufolge sind 66 % aller Werkstücke rotationssymmetrisch. In der Feinwerktechnik verstärkt sich dieser Sachverhalt. Bei dem untersuchten Werkstückspektrum handelt es sich zu 72,6 % um zylindrische Füge-

oder Basisteile. Nur 23,0 % der Fügeteile besitzen eine mehrkantige oder komplexe Kontur und stellen zusätzliche Anforderungen an den Greifprozeß.

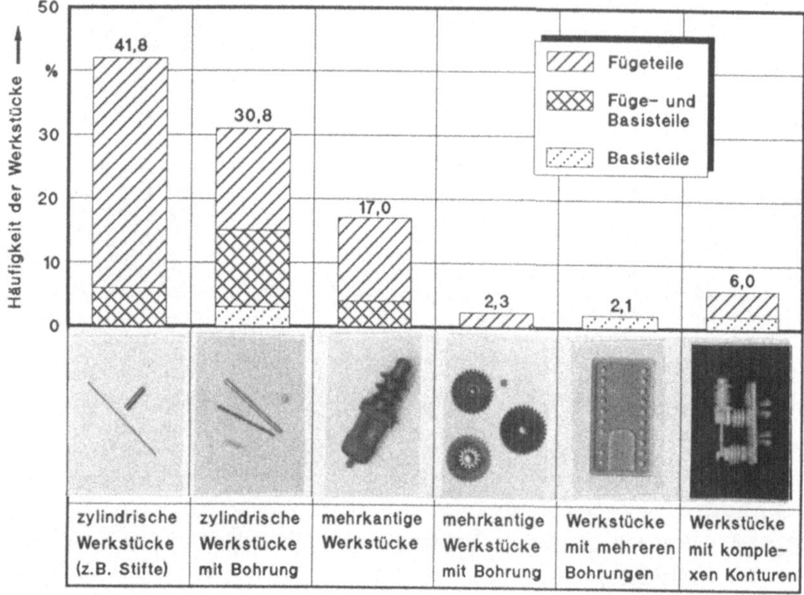

Bild 3.5:   Geometrieklassen (Basis: 10 Produkte, 168 Füge- und Basisteile)

Eine montagegerechte Gestaltung der Fügestellengeometrie ist bei feinwerktechnischen Produkten aufgrund der Kleinheit der Werkstücke größtenteils nicht möglich. Nur 5,2 % der untersuchten Werkstückpaarungen weisen Fasen am Füge- und am Basisteil auf, 77,0 % aller Werkstücke besitzen überhaupt keine Fasen (Bild 3.6). Die Untersuchung des Fügeprozesses kann bei feinwerktechnischen Produkten auf den vereinfachten Fall zylindrischer Werkstücke beschränkt werden, da 78,3 % der Fügestellenquerschnitte kreisförmig sind.

Weitere qualitative Untersuchungen des betrachteten Werkstückspektrums ergaben nachfolgend aufgeführte Werkstückmerkmale, die erhöhte Anforderungen an die Montageaufgabe stellen:

- große Werkstücktoleranzen im Verhältnis zur Werkstückgröße,
- schlechte Maßhaltigkeit der Teile,

- herstellungsbedingte Formabweichungen an den Stirnflächen von Fügeteilen,
- große Anzahl von Drahtbiegeteilen,
- Vielzahl zerbrechlicher Werkstücke (z.B. Glas, Graphit),
- häufig oberflächenempfindliche Werkstücke (z.B. Kunststoffe, Beschichtungen, Glas).

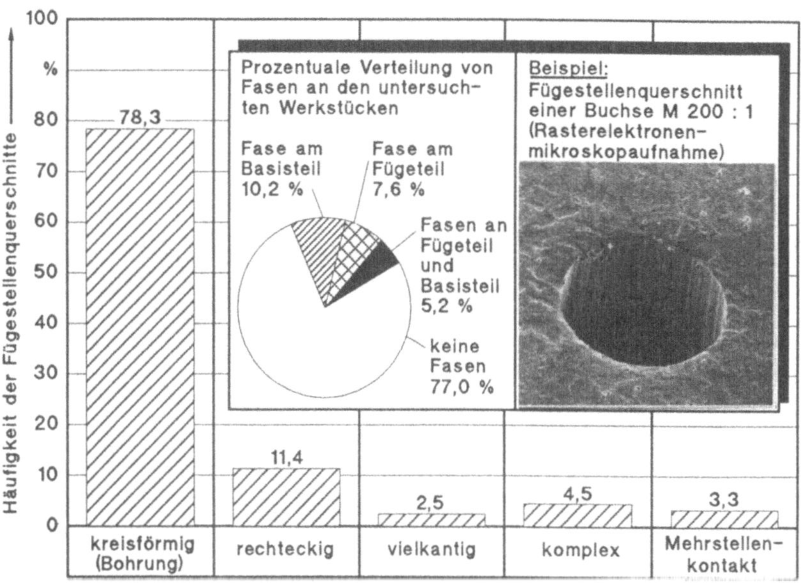

Bild 3.6: Klassifizierung der Fügestellengeometrien (Basis: 10 Produkte, 168 Füge- und Basisteile)

3.1.2.2 Analyse der Montagevorgänge

Die Analyse der Montagevorgänge erfolgte am Istzustand der bei 8 Firmen ausgewählten Stichproben. Insgesamt wurden 786 Montagevorgänge untersucht und dabei auftretende kleinste Fügespiele, Fügewege und maximal zulässige Fügekräfte ermittelt (Bild 3.7). Bei 97,4 % aller untersuchter Fügevorgänge steht ein minimales Fügespiel von weniger als 0,1 mm zur Verfügung, bei 45,9 % der Fügevorgänge beträgt das Fügespiel sogar weniger als 0,01 mm. Hieraus resultieren gemeinsam mit den bereits ermittelten Werkstückmerkmalen besondere Anforderungen an die Genauigkeit des Fügevorgangs.

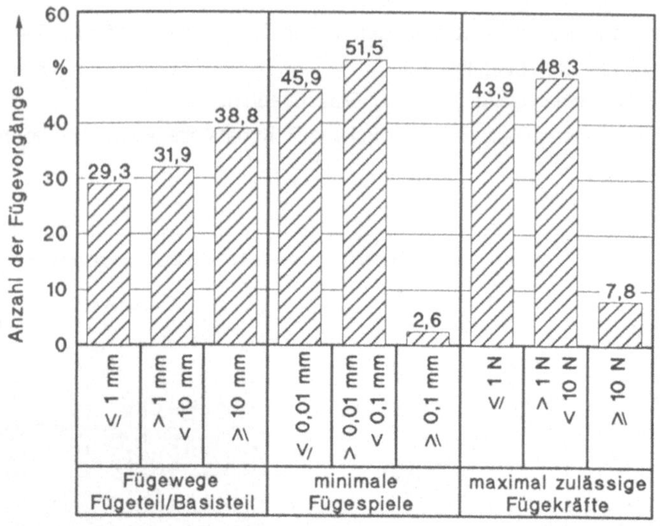

Bild 3.7:   Klassifizierung von Merkmalen des Fügeprozesses
(Basis: 786 Montagevorgänge)

Um eine Beschädigung von Werkstücken bei der Montage auszuschließen, müssen die beim Fügeprozeß auftretenden Fügekräfte bei 92,2 % der untersuchten Fügevorgänge auf Werte von unter 10 N, bei 43,9 % sogar auf Werte von weniger als 1 N begrenzt werden. Mangelnde Feinfühligkeit führt bei der manuellen Montage häufig zu Werkstückbeschädigungen und zu Qualitätseinbußen.

Von wenigen Ausnahmen abgesehen handelt es sich bei den untersuchten Montagevorgängen um Fügeaufgaben mit linearer Fügebewegung in vertikaler Richtung. Weitere qualitative Untersuchungen der Montagevorgänge ergaben folgende Automatisierungshemmnisse:

- kleine Fügeräume,
- schlechte Zugänglichkeiten des Fügeorts,
- Werkstückbeschädigungen beim Greifen und beim Fügen,
- Verkanten der Werkstücke,
- Erfordernis von Hilfsvorrichtungen wie Sehhilfen (Lupe, Mikroskop), Pinzetten und einer "ruhigen Hand".

3.1.2.3 Toleranzbetrachtung

Bei einer automatisierten Montage müssen alle Toleranzen berücksichtigt werden, die zu Positionsabweichungen führen. Aus den Werkstücktoleranzen und Toleranzen des Montagesystems ergibt sich eine Toleranzkette, bei der sich alle Toleranzen und Abweichungen addieren. Die für die Montage feinwerktechnischer Produkte relevante Toleranzkette (Bild 3.8) basiert auf gemessenen Werten, Herstellerangaben und Erfahrungswerten. Auftretende Winkelfehler der Fügeachse (z-Achse) von insgesamt bis zu 1 Grad und die daraus resultierenden zusätzlichen Positionsabweichungen in der Fügequerschnittsebene müssen außerdem berücksichtigt werden.

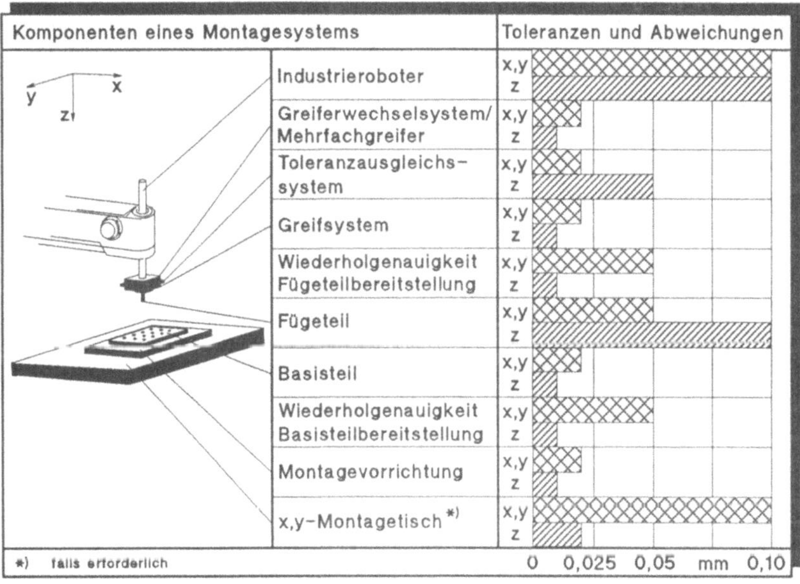

Bild 3.8: Toleranzen und Positionsabweichungen bei der Montage mit Industrierobotern

Weitere Positionsabweichungen entstehen durch eine schlechte Maßhaltigkeit und Formabweichungen von Fügeteilen. Die vom Montagesystem verursachten Positionsabweichungen hängen stark von der Geräteauswahl und -ausführung ab. Für den Erfolg des Fügevorgangs und die Anforderungen an einen Toleranzausgleich sind die Positionsabweichungen in der Fügequerschnittsebene (x,y-Ebene bei vertikalen Fügebewegungen) von entscheidender Bedeutung. Der Gesamtabweichung innerhalb der Toleranzkette von bis zu 0,45 mm steht das minimale Fügespiel der jeweiligen Fügepaarung gegenüber. Bei feinwerktechnischen Fügeaufgaben müssen zudem Umgebungseinflüsse wie Temperatur, Erschütterungen und Luftbewegungen berücksichtigt werden, die in ihrer Summe Positionsabweichungen von bis zu 0,01 mm verursachen.

3.1.3 <u>Folgerungen aus den Analyseergebnissen</u>

Aufgrund der durchgeführten Analyse können montagetechnische Automatisierungshemmnisse bestimmt und feinwerktechnische Querschnittsprobleme abgeleitet werden. Die hohe Typen- und Variantenvielfalt feinwerktechnischer Produkte verbunden mit kleinen Losgrößen erfordert flexibel automatisierte Montagesysteme mit Industrierobotern. Technische Automatisierungshemmnisse wie kleinste Fügespiele fasenloser Werkstücke bei großen Werkstücktoleranzen und Toleranzen des Montagesystems stellen erhöhte Anforderungen an den Toleranzausgleich und Fügeprozeß, die mit dem Stand der Technik nicht erfüllt werden können. Die Miniatur und Empfindlichkeit der Fügeteile stellt zusätzliche Anforderungen an den Greifprozeß, die durch konstruktive Anpassungen bereits bekannter Greifsysteme gelöst werden können.

Um eine automatisierte Montage feinwerktechnischer Produkte zu ermöglichen, müssen Konzepte entwickelt werden, die der geforderten Flexibilität der Montageaufgaben und den Anforderungen an den Fügeprozeß gerecht werden. Für einen branchenübergreifenden, universellen Einsatz müssen konzipierte Teilsysteme baukastenartig in aufgabenspezifisch konfigurierte Gesamtsysteme integriert werden können.

Forschungs- und Entwicklungsschwerpunkt gleichermaßen bildet die Entwicklung neuer und die Weiterentwicklung bestehender Verfahren für den Toleranzausgleich, die den extremen Genauigkeitsanforderungen in der Feinwerktechnik gerecht werden. Favorisierte Lösungsprinzipien für Toleranzausgleichssysteme müssen in Form prototypischer Werkzeuge realisiert und Funktionsparameter und Einsatzgrenzen untersucht werden.

3.2 Anforderungen an flexibel automatisierte Montagesysteme für feinwerktechnische Produkte

3.2.1 Teilfunktionen und deren Zuordnung zu Teilsystemen

Für die Ableitung von Aufgaben eines Montagesystems werden in Anlehnung an /11/ die Analyse der Montageaufgaben, die Systemdefinition /14/ und die Untergliederung der Funktion "Montieren" /74/ herangezogen. Die Zusammenstellung von Teilsystemen eines Montagesystems (Bild 3.9) bildet die Basis für eine morphologische Vorgehensweise bei der Konzeption und Entwicklung von Verfahren für die Montage feinwerktechnischer Produkte. Die Aufgaben werden nach Teilfunktionen getrennt, die Basisteile, Fügeteile, Hilfs- und Betriebsstoffe betreffen und möglichen Teilsystemen zugeordnet.

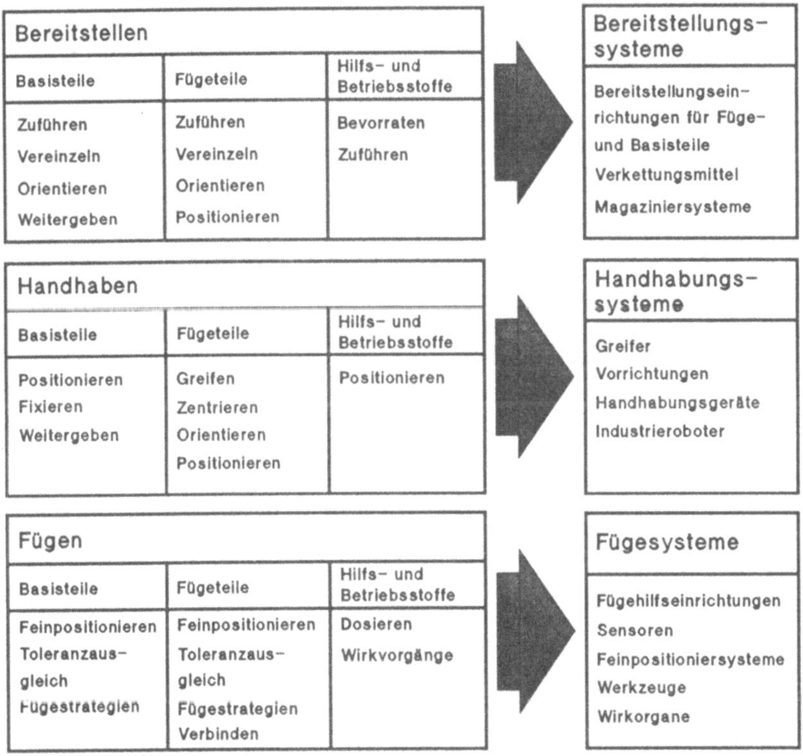

Bereitstellen

Basisteile	Fügeteile	Hilfs- und Betriebsstoffe
Zuführen	Zuführen	Bevorraten
Vereinzeln	Vereinzeln	Zuführen
Orientieren	Orientieren	
Weitergeben	Positionieren	

Bereitstellungssysteme

Bereitstellungseinrichtungen für Füge- und Basisteile
Verkettungsmittel
Magaziniersysteme

Handhaben

Basisteile	Fügeteile	Hilfs- und Betriebsstoffe
Positionieren	Greifen	Positionieren
Fixieren	Zentrieren	
Weitergeben	Orientieren	
	Positionieren	

Handhabungssysteme

Greifer
Vorrichtungen
Handhabungsgeräte
Industrieroboter

Fügen

Basisteile	Fügeteile	Hilfs- und Betriebsstoffe
Feinpositionieren	Feinpositionieren	Dosieren
Toleranzausgleich	Toleranzausgleich	Wirkvorgänge
Fügestrategien	Fügestrategien	
	Verbinden	

Fügesysteme

Fügehilfseinrichtungen
Sensoren
Feinpositioniersysteme
Werkzeuge
Wirkorgane

Bild 3.9: Zuordnung von Teilfunktionen und Teilsystemen

Teilsysteme für Hilfs- und Betriebsstoffe werden im folgenden nicht weiter betrachtet, da sich keine allgemeinen, übertragbaren Anforderungen aufstellen lassen. Steuerungssysteme, Energie- und Datenübertragungssysteme besitzen keine feinwerktechnischen Anforderungen und können mit dem Stand der Technik realisiert werden /75,76/. Für das Fügesystem und dessen Komponenten müssen Anforderungen ermittelt und in Pflichtenheften zusammengefaßt werden.

3.2.2   Anforderungen an das Gesamtsystem

Aus den Analyseergebnissen werden Grundanforderungen an Gesamtsysteme für eine automatisierte Montage feinwerktechnischer Produkte abgeleitet, die für alle Teilsysteme gleichermaßen gelten. Die Anforderungen sind in Bild 3.10 zusammengefaßt.

Anforderungen an Gesamtsysteme

- **Produktflexibilität: Montage unterschiedlicher Produkttypen und Varianten ohne manuelles Umrüsten**
- **universelle Einsatzmöglichkeit bei feinwerktechnischen Problemstellungen**
- **modularer Aufbau aus einem Baukasten von Teilsystemen**
- **geringer Anteil aufgaben- und typenspezifischer Werkzeuge**
- **Überwachung der Montagevorgänge und Qualitätsprüfung**
- **geringer Bedienungs- und Programmieraufwand**
- **hohe Funktionssicherheit und Verfügbarkeit**

Bild 3.10: Grundanforderungen an flexibel automatisierte Montagesysteme für feinwerktechnische Produkte

3.2.3   Anforderungen an Teilsysteme

Neben den Grundanforderungen, die von allen Teilsystemen erfüllt sein müssen, haben die einzelnen Teilsysteme funktionsbezogenen Anforderungen zu genügen. Aus beiden Anforderungsarten gemeinsam resultieren Pflichtenhefte für mögliche Systemkonzepte, zu entwickelnde Verfahren und Werkzeuge. Bei der Aufstellung von Anforderungskatalogen werden Bereitstellungssysteme, Handhabungssysteme und Fügesysteme unterschieden. Fügesysteme werden weiter unterteilt in Greifsysteme, Systeme für den Toleranzausgleich und Sensorsysteme.

Aus dem Produktspektrum, der Miniatur und Empfindlichkeit der Werkstücke sowie der benötigten Präzision der nachfolgenden Fügevorgänge resultieren die Hauptanforderungen an Bereitstellungssysteme:

- Produktflexibilität durch Programmierbarkeit und Umrüstbarkeit,
- Herstellen und Aufrechterhalten einer definierten Werkstücklage und -orientierung mit hoher Wiederholgenauigkeit,
- Vermeidung mechanischer Beschädigungen der Werkstücke.

Handhabungssysteme müssen programmierbare Bereitstellungs- und Fügepositionen anfahren und während des Fügevorgangs beibehalten können. Diese Hauptanforderung wird von Industrierobotern mit hoher statischer und dynamischer Steifigkeit erfüllt /77/. Die erforderliche Positionier- und Wiederholgenauigkeit des Industrieroboters ergibt sich aus der jeweiligen Toleranzkette in Verbindung mit dem Toleranzausgleichssystem.

Anforderungen an Greifsysteme können mit dem Stand der Technik /26-31/ gelöst werden. Konstruktive Weiterentwicklungen bekannter Werkzeuge /78/ müssen aufgrund folgender feinwerktechnischer Anforderungen vorgenommen werden:

- Werkstückzentrierung ohne Mittelpunktsverschiebung bei variablen Werkstückdurchmessern,
- mechanische Steifigkeit und Spielfreiheit,
- optimale Umsetzung von Greifkräften in Fügekräfte,
- einstellbare Greifkräfte mit einer Auflösung < 0,1 N,
- leichte und platzsparende Bauweise.

3.2.3.1 Toleranzausgleichssysteme

Mit Toleranzausgleichssystemen müssen sowohl Werkstücktoleranzen als auch Toleranzen des Montagesystems kompensiert werden können. Grundsätzlich sind Toleranzen in der Fügequerschnittsebene, senkrecht zur Fügequerschnittsebene und Winkelfehler der Fügeachsen zwischen Füge- und Basisteilen auszugleichen.

Mit den Analysenergebnissen können Anforderungen an Verfahren und Werkzeuge für den Toleranzausgleich aufgestellt werden (Bild 3.11).

Anforderungen an Toleranzausgleichssysteme

- Ausgleich von Werkstücktoleranzen und Toleranzen des Montagesystems
- Toleranzkompensationsfeld in der Fügequerschnittsebene e_{xmax}, e_{ymax} jeweils 0,5 mm
- Ausgleich von Positionsabweichungen e_x und e_y mit einer Auflösung von bis zu 0,001 mm
- Ausgleich von Winkelfehlern α_x und α_y von bis zu 1,0 Grad
- Vermeidung des Verkantens der Werkstücke
- Bewegung von Werkstückmassen zwischen 0,01 g und 10,0 g
- schonende Werkstückbehandlung
- kurze Toleranzausgleichszeiten
- leichte, platzsparende Bauweise
- arretierbar während der Verfahrbewegungen des Industrieroboters
- geringer Aufwand für Steuerung und Sensorik
- einfache Integration in das Montagesystem

Bild 3.11: Anforderungen an Toleranzausgleichssysteme

3.2.3.2 Sensorsysteme

Sensorsysteme übernehmen neben der Montageprozeßüberwachung durch einfache Anwesenheitskontrollen in zunehmendem Maße auch Meßfunktionen zur Bestimmung der Anordnung von Werkstücken, die durch jüngste Entwicklungen vorangetrieben werden /79/. Bei der Montage feinwerktechnischer Produkte mit Industrierobotern kommt Sensorsystemen, die den Toleranzausgleich unterstützen oder überhaupt erst ermöglichen, eine entscheidende Bedeutung zu. Die Anforderungen an Sensorsysteme zum Toleranzausgleich werden von hohen geforderten Auflösungen bei Positionsmessungen und Kraftmessungen gleichermaßen gekennzeichnet (Bild 3.12). Sensorsysteme müssen an unterschiedliche Montageaufgaben angepaßt werden können und eine hohe Funktionssicherheit bei unterschiedlichen Betriebsbedingungen, Umgebungs- und Umwelteinflüssen besitzen. Meßfehler und Nichtlinearitäten müssen vermieden oder schaltungstechnisch kompensiert werden können.

Anforderungen an Sensorsysteme zum Toleranzausgleich

- Messungen bei berührungslosen Verfahren:
  - Werkstückpositionen und Positionsabweichungen mit einer Auflösung von bis zu 0,001 mm
  - Winkelabweichungen von der Fügeachse mit einer Auflösung < 0,1 Grad
- Messungen bei taktilen Verfahren:
  - Fügekräfte mit einer Auflösung < 0,1 N
  - Ermittlung von Momenten beim Fügevorgang
  - Einfederungswege von Werkzeugnachgiebigkeiten
- Überwachung von Fügeprozessen / Anwesenheitskontrollen
- Schnittstellen für die Sensordatenverarbeitung
- einfache Integration in Montagewerkzeuge und Steuerungssysteme
- hohe Geschwindigkeit der Meßwerterfassung und Meßwertverarbeitung
- einfache Programmierung und Justage
- geringe Investitions- und Betriebskosten

<u>Bild 3.12:</u> Anforderungen an die Sensorik beim Toleranzausgleich

4 Konzeption von Toleranzausgleichssystemen für Industrieroboter und Aufstellung eines Lösungskatalogs für Gesamtsysteme

4.1 Lösungskonzepte für Toleranzausgleichssysteme

Die Konzeption von Toleranzausgleichssystemen setzt eine Untersuchung des Fügeprozesses voraus. In <u>Bild 4.1</u> wird der Fügevorgang in Fügephasen eingeteilt und dabei in berührungslose und berührende Fügeprozesse unterschieden. Bei feinwerktechnischen Fügeaufgaben ist ein Toleranzausgleich in der Suchphase für den Ausgleich von Positionierfehlern und in der Abschlußphase für den Ausgleich von Winkelfehlern erforderlich.

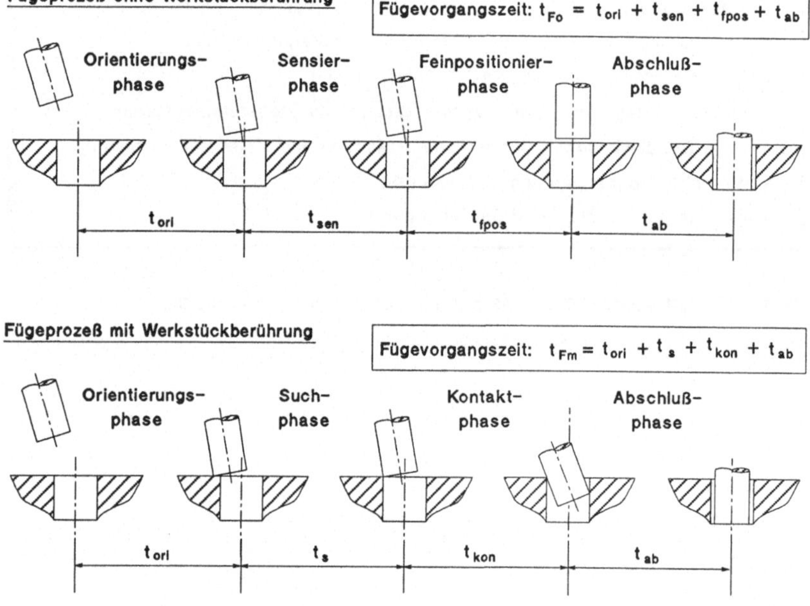

<u>Bild 4.1:</u>   Phasen des Fügeprozesses

Die <u>Suchphase</u> im Anschluß an die Grobpositionierung und Orientierung der Werkstücke beinhaltet den Teil des Fügeprozesses, in dem der Fügequerschnitt des Fügeteils in den entsprechenden Fügequerschnitt des Basisteils bzw. der Basisteilbohrung gelangt. Für Werkstückpaarungen mit großem Fügespiel oder ausreichenden Fasen ist ein Toleranzausgleich in der Suchphase nicht erforderlich. Bei feinwerktechnischen Montageaufgaben mit Übergangspassungen und fasenlosen Werkstücken muß ein Suchvorgang durchgeführt werden. Dabei wird in geregelte Suchvorgänge mit sensorischer Bestimmung der Positionsabweichung und anschließender Feinpositionierung und in gesteuerte Suchvorgänge unterschieden, bei denen das Toleranzkompensationsfeld in der Fügequerschnittsebene systematisch abgesucht wird, bis ein erster Kontakt des Fügeteils mit der Basisteilbohrung auftritt.

Die Abschlußphase ist der Teil des Fügevorgangs, bei dem sich das Fügeteil innerhalb der Basisteilbohrung befindet und reicht bis zum Ende des Fügevorgangs. In der Abschlußphase wird der gesamte Fügeweg des Fügeteils in der Basisteilbohrung zurückgelegt. Dabei muß ein mögliches Verkanten von Fügeteil und Basisteil verhindert werden.

4.1.1   Verfahrensübersicht

Verfahren für den Toleranzausgleich können gemäß der Verfahrensdefinition in geregelte, gesteuerte und ungesteuerte Verfahren sowie in Abhängigkeit von der Art der Positionierbewegung in Verfahren 1., 2. und 3. Ordnung eingeteilt werden. Bild 4.2 zeigt eine Übersicht möglicher Verfahren.

Bei Verfahren 1. Ordnung erfolgt eine Werkstückzentrierung durch reine Werkstückbewegungen in einem Kraft- oder Strömungsfeld. Lösungen mit magnetischen und elektrostatischen Feldern sowie in Luftströmungen sind technisch schwer realisierbar und müssen gesondert untersucht werden.

Verfahren 2. Ordnung ermöglichen einen Toleranzausgleich durch Werkzeugbewegungen und bilden den Schwerpunkt der nachfolgenden Untersuchungen. Ausgleichsbewegungen durch die Basisteilaufnahme /80/ werden aufgrund der größeren zu bewegenden Massen, geringeren Flexibilität und der Erfordernis, bereits montierte Fügeteile bei nachfolgenden Fügevorgängen mitbewegen zu müssen, im folgenden nicht weiter betrachtet.

Bei Verfahren 3. Ordnung wird der Toleranzausgleich durch Bewegungen des Industrieroboters oder des Montagetisches ausgeführt. Um die für feinwerktechnische Montageaufgaben benötigten Positioniergenauigkeiten zu erreichen, müssen zuerst neue, technisch aufwendige Industrieroboter entwickelt werden.

Verfahren für den Toleranzausgleich	Geregelte Verfahren: Positionsmessung und Feinpositionierung	Gesteuerte Verfahren: Such- und Positionierbewegungen	Ungesteuerte Verfahren: Nachgiebigkeit des Fügesystems
Verfahren 1. Ordnung: Toleranzausgleich durch Werkstückbewegungen – Fügeteil – Basisteil	• Berührungslose Positionsmessung und Feinpositionierung des Werkstücks in einem Kraftfeld	• Feinpositionierung des Werkstücks in einem Strömungsfeld • Feinpositionierung des Werkstücks in einem Kraftfeld	• Nachgiebigkeit eines Werkstücks in einem Kraftfeld
Verfahren 2. Ordnung: Toleranzausgleich durch Werkzeugbewegungen – Greifsystem – Werkstückaufnahme	• Berührungslose Positionsmessung und Feinpositionierung durch ein Werkzeug • Berührende Sensorik (Kraft-/Wegmessung) und Feinpositionierung durch ein Werkzeug	• Suchstrategien durch Schwingungserregung eines Werkzeugs • Taktile Such- und Fügestrategien durch Bewegungen eines Werkzeugs	• Fügeaufgabenspezifische Nachgiebigkeit eines Werkzeugs (RCC) • Fügeaufgabenunabhängige Nachgiebigkeit eines Werkzeugs (z.B. aktives RCC)
Verfahren 3. Ordnung: Toleranzausgleich durch Bewegungen des Handhabungssystems – Industrieroboter – Montagetisch	• Berührungslose Positionsmessung und Feinpositionierung mit dem Handhabungssystem • Berührende Sensorik und Feinpositionierung mit dem Handhabungssystem	• Suchstrategien durch Schwingungen des Handhabungssystems • Taktile Such- und Fügestrategien durch Bewegungen des Handhabungssystems	• Nachgiebigkeit des Handhabungssystems (Soft-Servo-Funktion)

RCC: Remote Center Compliance

Bild 4.2: Verfahren für den Toleranzausgleich (Übersicht)

Im folgenden werden Konzepte für den Toleranzausgleich 2. Ordnung in der Such- und Abschlußphase aufgestellt und von Fügeaufgaben abhängige Kombinationen von Teillösungen gebildet.

4.1.2 Konzepte für die Suchphase

Geregelte und gesteuerte Suchsysteme unterscheiden sich in dem erforderlichen technischen Aufwand, der für den Suchvorgang benötigten Taktzeit und der Eignung für unterschiedliche Montageaufgaben. Während bei gesteuerten Toleranzausgleichssystemen ohne nennenswerten Sensoraufwand grundsätzlich alle auftretenden Toleranzen ausgeglichen werden können, wird dies bei geregelten

Suchsystemen von dem Sensorsystem und der Auflösung der Feinpositionierung bestimmt.

4.1.2.1 Geregelte Suchsysteme

Alle geregelten Toleranzausgleichssysteme benötigen für den Suchvorgang lange Taktzeiten aufgrund der erforderlichen Meßwerterfassung, -verarbeitung und Feinpositionierung in teilweise mehreren Zyklen. Dabei besteht ein grundsätzlicher Unterschied zwischen Verfahren mit berührungsloser Sensorik für sehr empfindliche Werkstücke und Verfahren mit berührender Sensorik, die einen Toleranzausgleich durch indirekte Messungen von Positionsabweichungen und geeignete Fügestrategien ermöglichen (Bild 4.3).

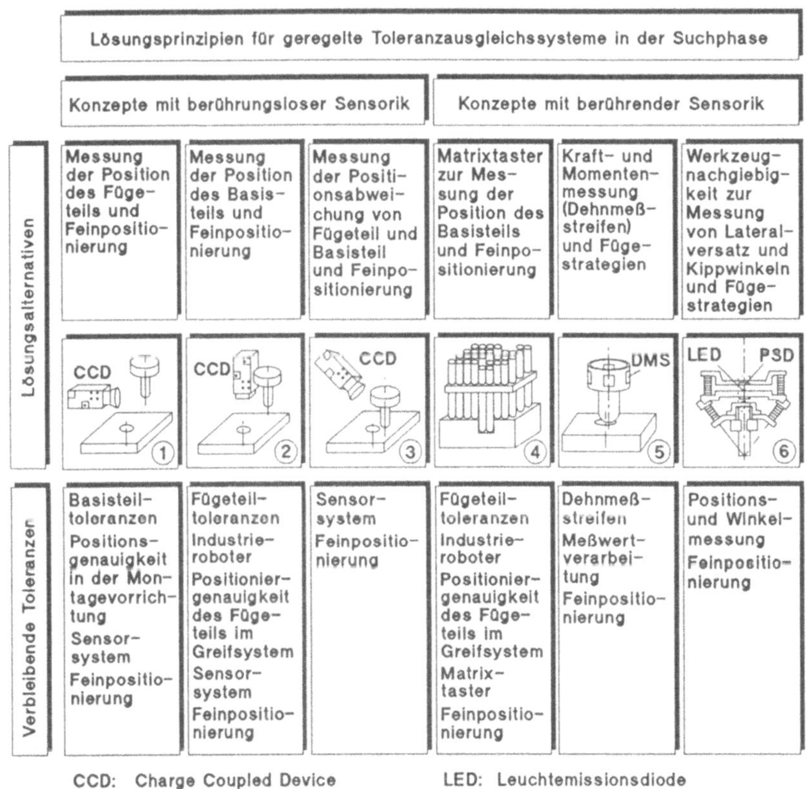

CCD: Charge Coupled Device   LED: Leuchtemissionsdiode
DMS: Dehnmeßstreifen   PSD: Position Sensing Detector

Bild 4.3: Konzepte für geregelte Suchsysteme

Bei Lösungen mit berührungsloser Sensorik und Konzepten mit Tastsensoren erfolgt die Feinpositionierung im Anschluß an eine Positionsbestimmung des Füge- oder Basisteils oder aufgrund der gemessenen Positionsabweichung von Fügeteil und Basisteilbohrung. Taktile Fügeverfahren ermitteln aus Kraft- und Momentenmessungen bzw. Weg- und Winkelmessungen eines Werkzeugs, die bei exzentrischer Lage von Fügeteil und Basisteilbohrung unter Einwirkung einer Fügekraft auftretende Verkippung der Werkstücke und leiten hieraus Größe und Richtung der erforderlichen Korrekturbewegungen ab.

Für die Feinpositionierung in der Fügequerschnittsebene wird eine zweiachsige Positioniereinrichtung benötigt, die Korrekturbewegungen des Fügeteils mit einer Positioniergenauigkeit von 1 μm ermöglicht. Feinpositioniereinrichtungen für Fügeteile dürfen nur eine geringe Masse besitzen, da sie vom Industrieroboter mitgeführt werden. Feinpositioniervarianten bestehen in möglichen Antriebsarten (elektromotorisch, pneumatisch, elektromagnetisch, piezotranslatorisch) und verwendeten Getrieben.

Bei berührungslosen Verfahren werden die Positionen von Fügeteilen oder Basisteilbohrungen oder deren Positionsabweichungen mit Hilfe optischer, optoelektronischer und pneumatischer Sensoren gemessen. Welche Werkstücktoleranzen und Toleranzen des Montagesystems ausgeglichen werden können, hängt von der gewählten Sensoranordnung (Bild 4.4) ab.

Abhängig von der Größe der einzelnen Toleranzen in der Toleranzkette der jeweiligen Montageaufgabe kann die im betreffenden Fall am besten geeignete Sensoranordnungsmöglichkeit ausgewählt werden. Die Summe der mit der gewählten Sensoranordnung nicht erfaßbaren Einzeltoleranzen muß dabei stets kleiner sein als das zur Verfügung stehende Fügespiel. Überwiegen die Ungenauigkeiten des Montagesystems, so muß die Position des Greifers relativ zum Basisteil gemessen werden. Bei großen Werkstücktoleranzen muß ein Konzept gewählt werden, bei dem die Positionen von Fügeteil und Basisteilbohrung erfaßt und zur Ermittlung der Positionsabweichung in die Fügequerschnittsebene projiziert werden.

Die Verwendung mehrerer Meßeinrichtungen zur Positionsbestimmung von Fügeteil und Basisteilbohrung ermöglicht die Messung aller Positionierfehler und Toleranzen, erfordert jedoch eine exakte Kalibrierung der Koordinatensysteme der Meßgeräte und aufwendige Sensordatenverarbeitung.

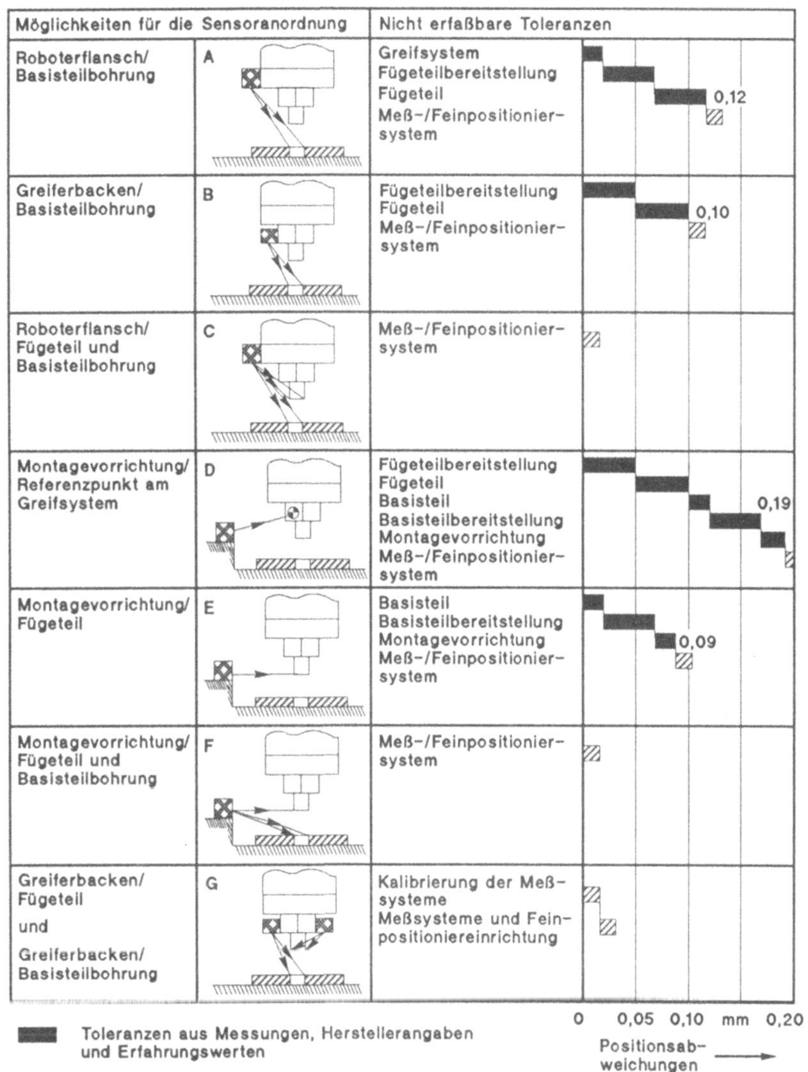

Bild 4.4:   Sensoranordnungen

Die wichtigsten Meßsysteme werden in Bild 4.5 aufgezeigt und einander verglei- chend gegenübergestellt.

Meßsysteme / Bewertungskriterien	Abstandssensoren, z.B. • induktiv • Reflexlichttaster	Fotosensoren • PSD- • Vierquadranten-Sensor	Bildverarbeitung, z.B. • Grauwert • Binärbild	Lasermeßsysteme (Triangulation)	Lasermeßsysteme (Schattenbildung)
	Licht		CCD	Laser PSD	PSD / Laserstrahl
Meßanordnung (gem. Bild 4.4)	D, E	A, B, D	A, B, C, D, E, F, G	D, E	D, E
Gestalt der Meßobjekte	ebene Flächen	Bohrungen (Basisteile)	beliebig	Vollkörper (Fügeteile)	Vollkörper (Fügeteile)
Meßgenauigkeit	bis 0,2% vom Meßbereich	0,001 mm	0,1% vom Meßbereich	0,10 mm	0,002 mm bis 0,05 mm
Meßbereich	bis 1x1 mm^2	bis 24x24 mm^2	beliebig (Objektivwahl)	beliebig	bis 0,5x0,5 m^2
Meßabstand	1 bis 2 mm	beliebig	beliebig (Objektivwahl)	beliebig	500 mm
Installationsart	beliebig	bewegt	beliebig	stationär	stationär
Anzahl nötiger Meßsysteme	Anzahl Basisteilbohrungen	1	1	1	2
Mögliche Störeinflüsse	Verunreinigungen, Magnetfelder	Streulicht	veränderliches Licht, Reflexionen	–	Verunreinigungen
Bauvolumen	klein	sehr klein	groß	sehr groß	groß
Technischer Aufwand	gering	mittel	groß	sehr groß	sehr groß

CCD: Charge Coupled Device   PSD: Position Sensing Detector

Bild 4.5: Eignung von Sensorsystemen für berührungslose Positionsmessungen

Einflußgrößen bei der Auswahl sind:

- Werkstückmerkmale: Geometrien, Werkstoffe, Farben, Kontraste,
- Lichtverhältnisse,
- Meßabstand und
- erforderlicher Meßbereich.

Die theoretische Betrachtung von Toleranzen und Sensoranordnungsmöglicheiten zeigt, daß bei geregelten Toleranzausgleichssystemen Fügespiele < 0,01 mm nur bei gemeinsamer Messung von Fügeteil und Basisteilbohrung erreicht werden können (Bild 4.3). Durch die bei großen Meßbereichen reduzierte Genauigkeit der

Meßsysteme scheidet diese Methode jedoch häufig aus. Daher müssen auch bei sehr kleinen Fügespielen Sensoranordnungen gewählt werden, die nur die Position des Fügeteils oder der Basisteilbohrung messen und die verbleibenden Toleranzen durch zusätzliche Maßnahmen reduziert werden.

4.1.2.2 Gesteuerte Suchsysteme

Gesteuerte Suchsysteme ermöglichen einen Ausgleich aller bei der Montage auftretenden Toleranzen (Bild 4.6).

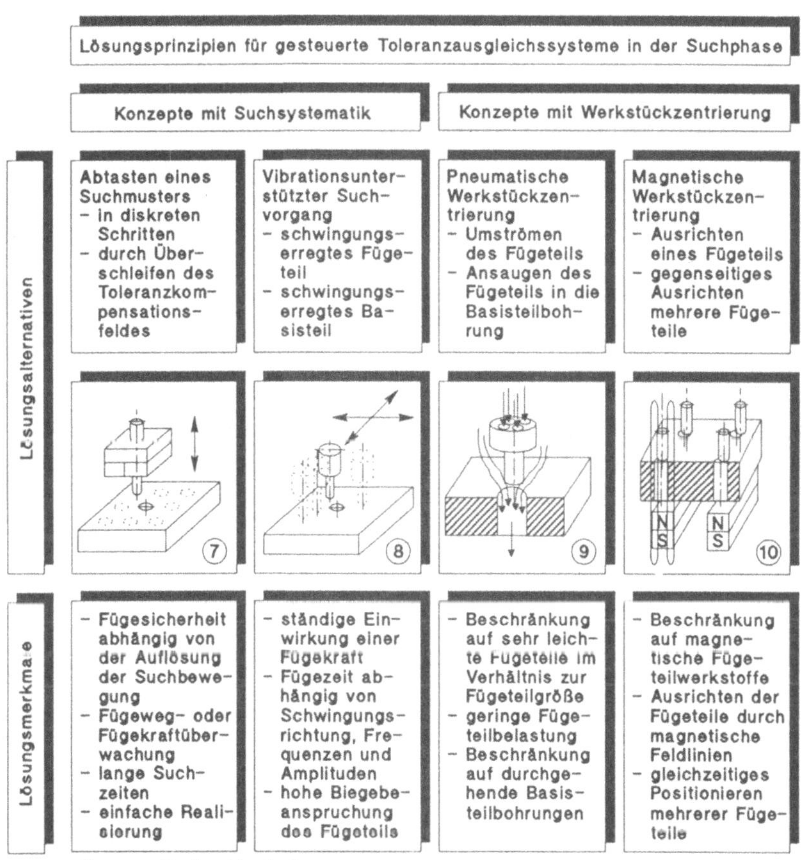

Bild 4.6: Konzepte für gesteuerte Suchsysteme

Gesteuerte Verfahren für den Toleranzausgleich beinhalten gezielte Such- und Positionierbewegungen nach vorgegebenen Abläufen. Abhängig von der jeweiligen Fügeaufgabe können den Suchsystemen geeignete Suchparameter vorgegeben werden. Sensoren werden nur benötigt, um das Ende des Suchvorgangs zu erkennen. Grundsätzlich werden folgende Verfahren unterschieden:

- Werkstückzentrierung in Kraft- oder Strömungsfeldern,
- Probiermethoden mit taktilen Suchstrategien,
- vibrationsunterstützte Suchbewegungen.

Werkstückzentrierungen in magnetischen Feldern bleiben auf ferromagnetische, in elektrostatischen Feldern auf sehr leichte Werkstücke mit geringer elektrischer Leitfähigkeit beschränkt. Die Einsatzmöglichkeiten einer pneumatischen Fügeteilzentrierung müssen theoretisch und experimentell untersucht werden.

Bei taktilen Suchsystemen wird das Toleranzkompensationsfeld vom Fügeteil nach einem vorgegebenen Muster abgetastet, bis die Basisteilbohrung gefunden ist. Zur Kontrolle der Zielfunktion genügt ein in den Greifer integrierter Kraftsensor. Für taktile Probiermethoden müssen geeignete Suchstrategien entwickelt und erreichbare Suchzeiten und Verfügbarkeiten bestimmt werden.

Bei vibrationsunterstützten Fügeverfahren wird vorzugsweise das Fügeteil relativ zum Basisteil in Schwingungen versetzt, bis unter Einwirkung einer Fügekraft die Basisteilbohrung gefunden ist. Um Einsatzgrenzen vibrationsunterstützter Suchsysteme zu ermitteln, müssen geeignete Schwingungsformen analytisch ermittelt und am Beispiel prototypischer Schwingungsmechanismen experimentell untersucht werden.

4.1.3 Konzepte für die Abschlußphase

In der Abschlußphase des Fügevorgangs müssen Winkelfehler durch das Toleranzausgleichssystem kompensiert und ein Verkanten der Werkstücke vermieden werden. Mögliche Konzepte sind in Bild 4.7 dargestellt. Die aufgezeigten Lösungsprinzipien ermöglichen eine Drehung des Fügeteils um dessen Spitze und ein paralleles Verschieben in der Fügequerschnittsebene. Taktile Fügesysteme und Systeme mit Vibrationsunterstützung sind technisch aufwendiger als nachgiebige Systeme. Ihr Einsatz ist nur gerechtfertigt, wenn sie bereits in der Suchphase zur

Anwendung kommen, also kein zusätzlicher Realisierungsaufwand entsteht. Alle Werkzeugnachgiebigkeiten für die Abschlußphase müssen während der Suchphase arretiert werden können, um nicht den Suchvorgang durch zusätzliche Toleranzen und Schwingungen zu stören.

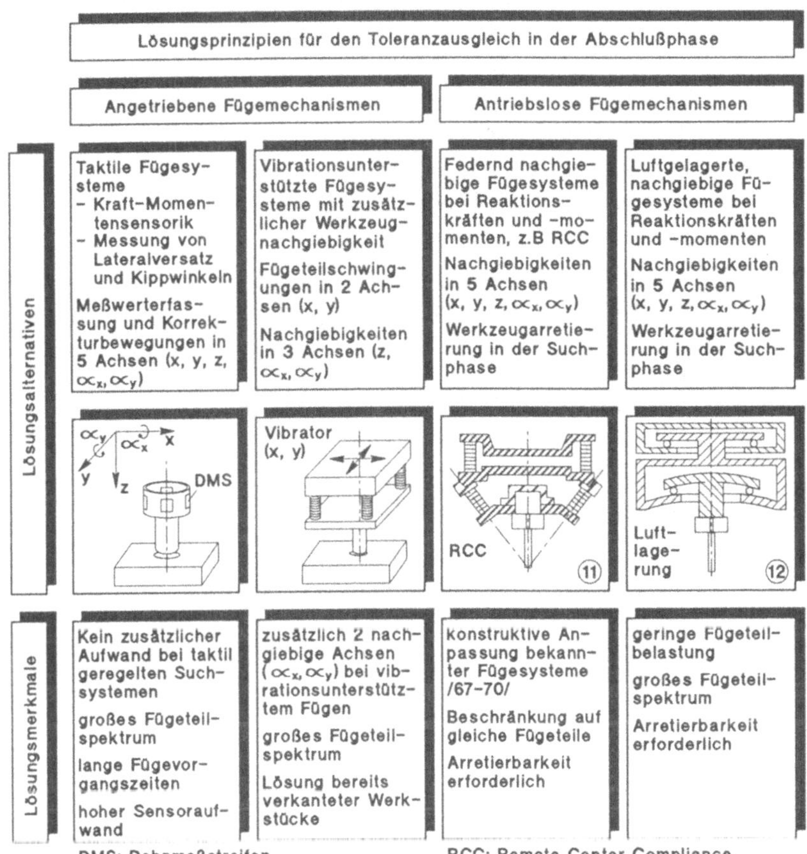

<u>Bild 4.7:</u>   Konzepte für den Ausgleich von Winkelfehlern beim Fügen

4.1.4   <u>Kombinierte Systeme</u>

Nachgiebige Toleranzausgleichssysteme können nur in der Abschlußphase des Fügeprozesses und bei Werkstücken mit Fasen oder sehr großen Fügespielen eingesetzt werden, die keinen Suchvorgang benötigen. Reine Suchsysteme sind nur bei Fügewegen < 1 mm einsetzbar, da auftretende Winkelfehler bei längeren Fügewegen zu einem Verkanten der Werkstücke in der Abschlußphase führen können. Toleranzausgleichssysteme für die Such- und Abschlußphase können durch eine geeignete Kombination von Teilsystemen gebildet werden (<u>Bild 4.8</u>). Die ausgewählten Kombinationsmöglichkeiten stellen einen Lösungskatalog für Toleranzausgleichssysteme dar, aus dem abhängig von fügeaufgabenspezifischen Anforderungen Lösungen ausgewählt und angepaßt werden können. Die jeweilige Lösungsauswahl erfolgt abhängig von

- Toleranzen, die unbedingt ausgeglichen werden müssen,
- erforderlicher Positionier-/Wiederholgenauigkeit,
- Empfindlichkeit der Werkstücke,
- geforderten Taktzeiten und Verfügbarkeiten.

Komponenten und Merkmale / Lösungsalternativen	Optische Messung und Feinpositionierung	Taktile Messung und Feinpositionierung	Taktile Suchmethoden mit Werkzeugnachgiebigkeit	Vibrationsunterstütztes Fügen	Werkstückzentrierung
Werkzeugantrieb	Feinpositioniereinrichtung	Feinpositioniereinrichtung	Feinpositioniereinrichtung	Vibrator	– Strömungsfeld – Magnetfeld
Sensorik	berührungslos – optisch – optoelektronisch – pneumatisch	– Kraft-/Momentensensorik – Weg-/Kippwinkelmeßeinrichtung	– Kraftsensor in Fügerichtung – Wegmeßsystem in Fügerichtung	Erkennung der Werkzeugeinfederung	–
Feinpositionierachsen	x, y oder x, y, $\propto_x$, $\propto_y$	x, y oder x, y, $\propto_x$, $\propto_y$	x, y	–	–
Nachgiebige Werkzeugachsen	x, y, z, $\propto_x$, $\propto_y$ oder z	x, y, z, $\propto_x$, $\propto_y$ oder z	x, y, $\propto_x$, $\propto_y$	x, y, $\propto_x$, $\propto_y$	x, y
Lösungsmerkmale	ausgleichbare Toleranzen abhängig von Sensoranordnung	aufwendige Sensordatenverarbeitung und Fügestrategien	Fügestrategien mit langen Suchzeiten und geringer Fügesicherheit	erhöhte Werkstückbelastungen während der Vibrationsbewegungen	Einsatz nur bei leichten oder bei magnetischen Fügeteilen

CCD: Charge Coupled Device   PSD: Position Sensing Detector   LED: Leuchtemissionsdiode

<u>Bild 4.8</u>:   Kombinierte Systeme für den Toleranzausgleich

4.2 Einsatzbereiche für Toleranzausgleichssysteme

Zur Darstellung eines Lösungsfeldes für Toleranzausgleichssysteme bei feinwerktechnischen Montageaufgaben werden die ermittelten Lösungsprinzipien anhand von in der Analyse bestimmten Kriterien bewertet und gegenübergestellt (Bild 4.9).

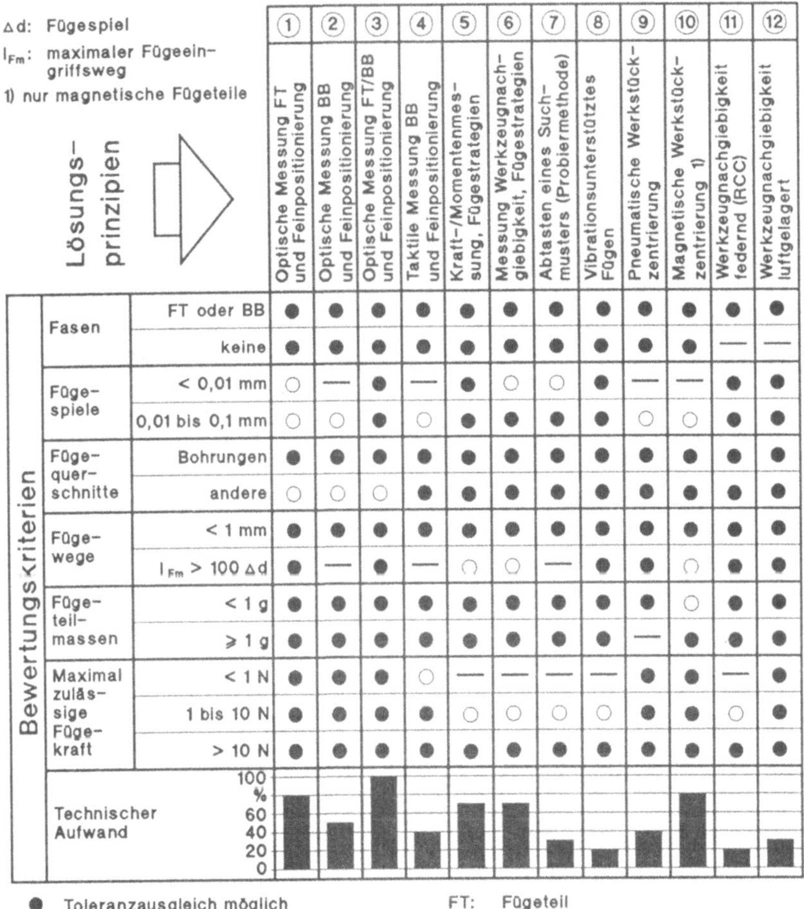

Δd: Fügespiel
l_{Fm}: maximaler Fügeeingriffsweg
1) nur magnetische Fügeteile

Lösungsprinzipien →

Bewertungskriterien			① Optische Messung FT und Feinpositionierung	② Optische Messung BB und Feinpositionierung	③ Optische Messung FT/BB und Feinpositionierung	④ Taktile Messung BB und Feinpositionierung	⑤ Kraft-/Momentenmessung, Fügestrategien	⑥ Messung Werkzeugnachgiebigkeit, Fügestrategien	⑦ Abtasten eines Suchmusters (Probiermethode)	⑧ Vibrationsunterstütztes Fügen	⑨ Pneumatische Werkstückzentrierung	⑩ Magnetische Werkstückzentrierung 1)	⑪ Werkzeugnachgiebigkeit federnd (RCC)	⑫ Werkzeugnachgiebigkeit luftgelagert
Fasen		FT oder BB	●	●	●	●	●	●	●	●	●	●	●	●
		keine	●	●	●	●	●	●	●	●	●	●	—	—
Fügespiele		< 0,01 mm	○	—	●	—	●	○	○	●	—	—	●	●
		0,01 bis 0,1 mm	○	○	●	○	●	●	●	●	○	○	●	●
Fügequerschnitte		Bohrungen	●	●	●	●	●	●	●	●	●	●	●	●
		andere	○	○	○	●	●	●	●	●	●	●	●	●
Fügewege		< 1 mm	●	●	●	●	●	●	●	●	●	●	●	●
		l_{Fm} > 100 Δd	●	—	●	—	○	○	—	●	●	○	●	●
Fügeteilmassen		< 1 g	●	●	●	●	●	●	●	●	●	○	●	●
		≥ 1 g	●	●	●	●	●	●	●	●	—	●	●	●
Maximal zulässige Fügekraft		< 1 N	●	●	●	○	—	—	—	—	●	●	—	●
		1 bis 10 N	●	●	●	●	○	○	○	○	●	●	○	●
		> 10 N	●	●	●	●	●	●	●	●	●	●	●	●
Technischer Aufwand		100 % / 60 / 40 / 20 / 0 (Balkendiagramm)												

● Toleranzausgleich möglich
○ Toleranzausgleich bedingt möglich
— Toleranzausgleich nicht möglich

FT: Fügeteil
BB: Basisteilbohrung
RCC: Remote Center Compliance

Bild 4.9: Lösungsfeld für Toleranzausgleichssysteme zur Montage feinwerktechnischer Produkte mit Industrierobotern

Aus der Lösungsmatrix kann ermittelt werden, welche der konzipierten Toleranz-ausgleichssysteme für Industrieroboter bei einer vorliegenden Fügeaufgabe geeignet sind. Hierzu werden die 6 wichtigsten Kriterien zur Beschreibung fein-werktechnischer Montageaufgaben herangezogen, die jeweils alle erfüllt sein müssen, damit das bewertete Toleranzausgleichssystem eingesetzt werden kann. Eignen sich mehrere Lösungsprinzipien für eine Montageaufgabe, kann der erfor-derliche Realisierungsaufwand als weiteres Kriterium bei der Auswahl hinzuge-nommen werden. Existiert in dem Lösungsfeld kein Konzept, das alle 6 Kriterien erfüllt, kann die Montageaufgabe mit den entwickelten Lösungsprinzipien nicht automatisiert werden.

Bei den Konzepten "2", "4" und "7" handelt es sich um reine Suchsysteme, die keine Winkelfehler ausgleichen können. Um mit diesen Lösungsprinzipien einen Toleranzausgleich auch in der Abschlußphase des Fügeprozesses zu ermögli-chen, können die Toleranzausgleichssysteme um in der Suchphase arretierbare, nachgiebige Systeme (Konzepte "11" und "12") zu kombinierten Systemen erwei-tert werden. Dadurch entfällt die Einschränkung der Lösungsmatrix bei Füge-wegen > 1 mm.

Um quantitative Aussagen über Einsatzparameter und Anwendungsmöglichkeiten der konzipierten Toleranzausgleichssysteme machen zu können, müssen einzelne Verfahren für den Toleranzausgleich detailliert untersucht und an prototypischen Realisierungsbeispielen erprobt werden.

4.3   <u>Lösungskatalog für Gesamtsysteme</u>

Die Realisierung programmierbarer Montagesysteme für feinwerktechnische Pro-dukte basiert auf der Entwicklung eines Baukastens modularer Teilsysteme für

- Teilebereitstellung,
- Werkstück- und Werkzeughandhabung,
- Greifen von Fügeteilen und
- Toleranzausgleich.

Abhängig von der jeweiligen Montageaufgabe und Pflichtenheften für das Mon-tagesystem können die benötigten Teilsysteme aus einem Lösungskatalog zu problemspezifischen Gesamtsystemen konfiguriert werden (<u>Bild 4.10</u>).

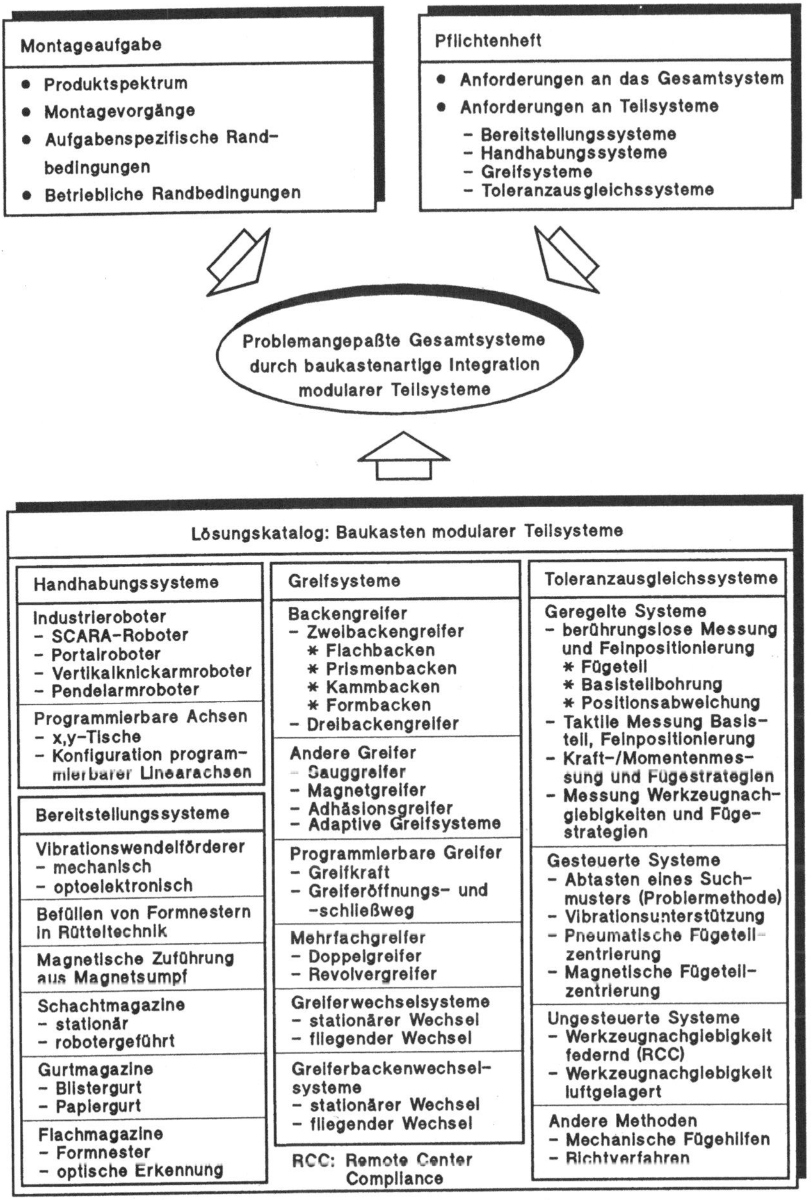

Bild 4.10: Konzeption problemangepaßter Gesamtsysteme aus modularen Teilsystemen

5   Entwicklung von gesteuerten Verfahren für den Toleranzausgleich

5.1   Pneumatische Fügeteilzentrierung

Durch einen geeigneten Luftstrom kann ein Fügeteil in einem schwimmend gelagerten Greifer relativ zur Basisteilbohrung zentriert werden. Der Luftstrom entsteht durch

- Anblasen oder Absaugen des Fügeteils im Greifer,
- Absaugen oder Ausblasen durch die Basisteilbohrung,
- Kombination von Absaugen und Anblasen.

Hierdurch soll ein Strömungszustand erzeugt werden, der eine zentrierende Wirkung aufweist.

5.1.1   Funktionsmuster und Funktionsprinzip

Zur Erprobung des Verfahrens wurde ein Funktionsmuster entwickelt, mit dem unterschiedliche Strömungszustände erreicht werden können (Bild 5.1). Die Realisierung des Funktionsmusters erfolgte in Plexiglas, um die entstehenden Strömungsfelder mit Rauchgas visualisieren zu können. Das Werkzeug besteht aus einer horizontal beweglichen, luftgelagerten Greifeinheit, die keine mechanische Verbindung zur Umgebung besitzt, um Störeinflüsse, z.B durch mitgeführte Pneumatikschläuche, zu vermeiden. Die Fügeteilzentrierung erfolgt in einem dünnwandigen, in der Fügequerschnittsebene luftgelagerten Zentrierrohr, welches das Fügeteil über seine gesamte Länge umschließt.

Durch die Regulierung des am Werkzeug anliegenden Eingangsdrucks wird bewirkt, daß bei ansteigendem Druck zunächst das Zentrierrohr und dann die integrierte Greifeinheit in einen Schwebezustand gelangen und die Greiferbacken schließen (Bild 5.1). Eine weitere Druckerhöhung ermöglicht einen Toleranzausgleich in 2 Phasen. Bei der Vorzentrierung führt der Luftstrom durch das Zentrierrohr und die Basisteilbohrung zu einem Ausgleich von Positionsabweichungen des Zentrierrohrs relativ zur Basisteilbohrung. Für die Feinzentrierung wird das zuvor positionierte Zentrierrohr auf dem Basisteil aufgesetzt und das Fügeteil durch die beginnende Fügebewegung im Zentrierrohr abgesenkt. Dabei bewirkt der Luftstrom im Rohr eine Fügeteilzentrierung relativ zum Rohr und zur Basisteilbohrung.

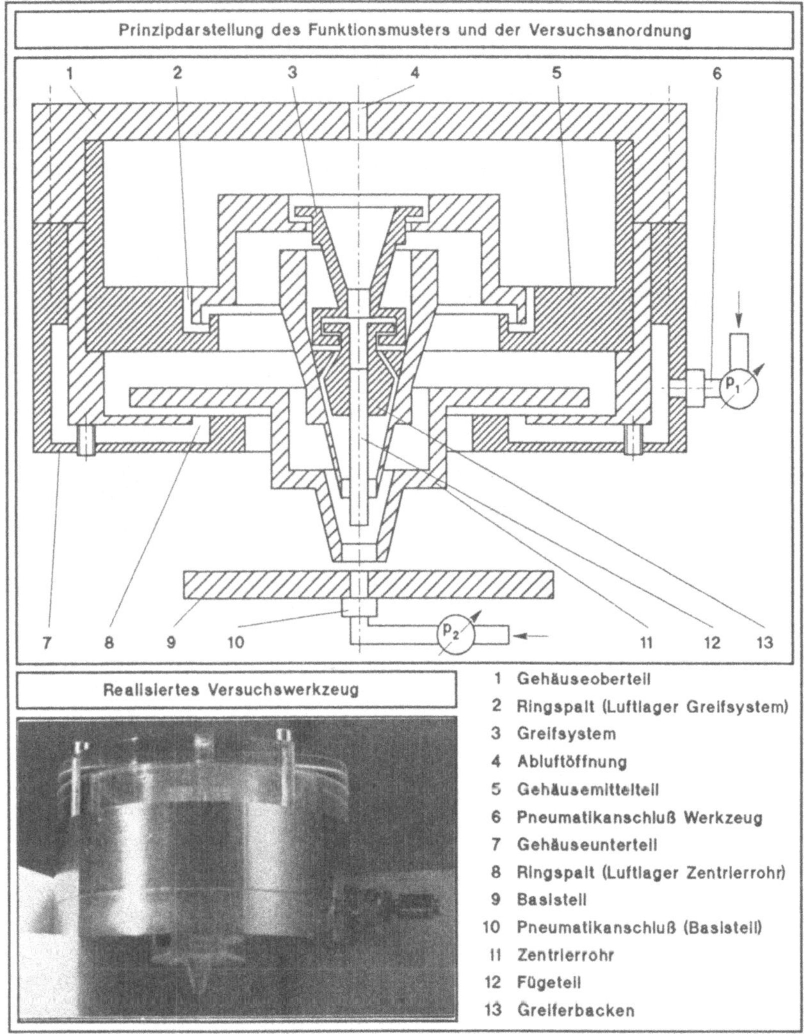

Bild 5.1: Funktionsmuster zur pneumatischen Fügeteilzentrierung

Mit dem realisierten Versuchsaufbau können die Richtungen der Luftströme und anliegenden Drücke im Zentrierrohr und durch die Basisteilbohrung jeweils voneinander unabhängig gewählt werden. Ein Auswechseln des Zentrierrohrs ermöglicht eine Erprobung des Verfahrens für unterschiedliche Werkstück- und Rohrdurchmesser.

5.1.2 Theoretische Untersuchungen

Die Luftkräfte bei der Positionierung des Zentrierrohrs relativ zur Basisteilbohrung und bei der Feinzentrierung des Fügeteils im Rohr resultieren aus Strömungsfeldern, die beim Einblasen und Absaugen durch Zentrierrohr und Basisteilbohrung entstehen /81/. Bild 5.2 zeigt mögliche Strömungsfelder bei der Vor- und Feinzentrierung. Die Grenzen des Verfahrens werden von den maximal möglichen Massenströmen durch die von Zentrierrohr und Basisteilbohrung gebildeten Düsen vorgegeben, die beim Absaugen höchstens Schallgeschwindigkeit erreichen können.

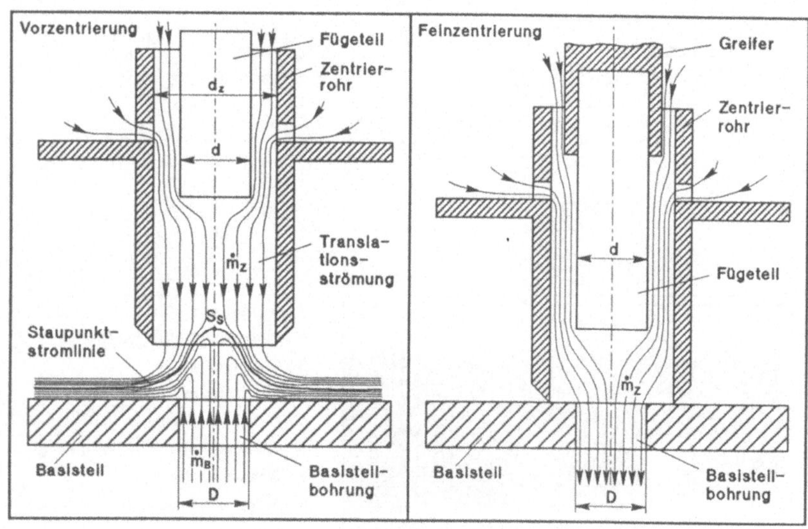

Bild 5.2: Strömungsfelder bei der Vor- und Feinzentrierung

5.1.3 Experimentelle Untersuchungen

Für die experimentelle Ermittlung der bei der Vorzentrierung maximal ausgleichbaren Positionsabweichungen wurden im Versuch Fügeteil- und Zentrierrohrdurchmesser sowie die am Werkzeug und an der Basisteilbohrung anliegenden Drücke variiert. Das Versuchswerkzeug wurde mit unterschiedlichen, vorgegebenen Positionsabweichungen über den Bohrungen einer Versuchsplatte positioniert. Dabei zeigte sich, daß die maximal ausgleichbaren Exzentrizitäten im wesentlichen durch geeignete Kombinationen von Fügeteil- und Zentrierrohrdurchmessern erreicht werden (Bild 5.3) . Die anliegenden Drücke sind von untergeordneter Bedeutung, sofern der erforderliche Mindestdruck im Werkzeug von 1,0 bar erreicht wird. Im Versuch konnten für Fügeteildurchmesser von 1,5 mm Positionsabweichungen von bis zu 3,2 mm bei Fügespielen von 0,1 mm ausgeglichen werden.

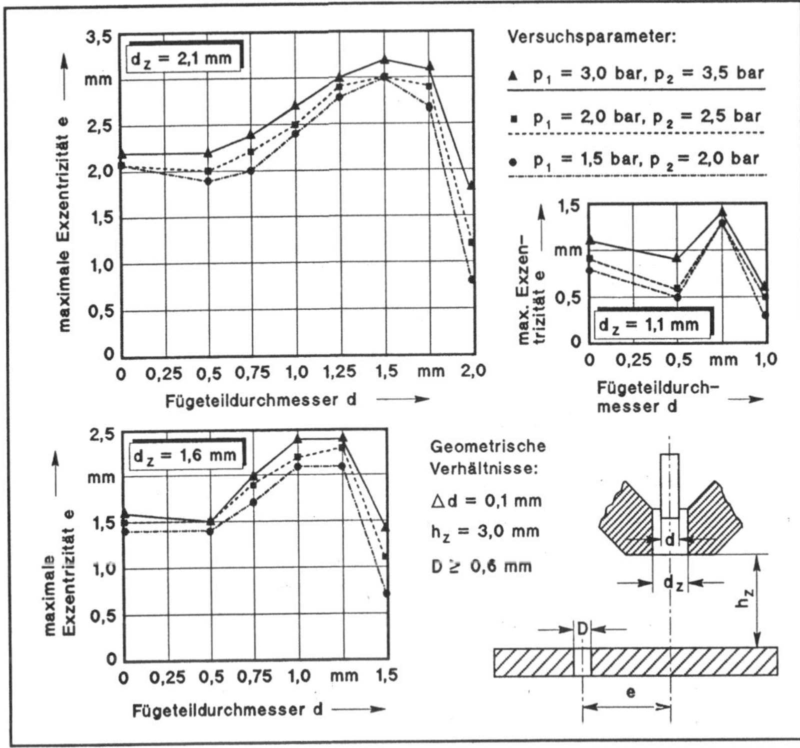

<u>Bild 5.3:</u>   Experimentelle Ermittlung der maximal ausgleichbaren Exzentrizität

Die Untersuchung weiterer Anblas-Absaug-Kombinationen lieferte teilweise ebenfalls gute Zentrierwirkungen (Bild 5.4). Die Ergebnisse setzen bei der Feinzentrierung ein luftdichtes Aufsetzen des Zentrierrohrs auf dem Basisteil voraus. Ohne ein Aufsetzen des Zentrierrohrs bei der Feinzentrierung wurden keine Zentriereffekte beobachtet. Bei Fügespielen < 0,1 mm konnte mit dem realisierten Funktionsmuster kein sicherer Toleranzausgleich bewerkstelligt werden.

	absaugen / absaugen	einblasen / absaugen	einblasen / einblasen	absaugen / einblasen
Zentrierwirkung bei Vorzentrierung	keine	gut	sehr gut	gut
Zentrierwirkung bei Feinzentrierung	keine	sehr gut	keine	keine
Betriebsdruck am oberen Regelventil	Saugen 0,5 bar	Blasen 3,0 bar	Blasen 3,0 bar	Saugen 0,5 bar
Betriebsdruck am unteren Regelventil	Saugen 0,5 bar	Saugen 0,5 bar	Blasen 3,5 bar	Blasen 1,5 bar
Maximal mögliche Positionsabweichung	——	0,5 mm	3,2 mm	0,8 mm
Minimales Fügespiel	——	0,1 mm	0,1 mm	0,1 mm

Bild 5.4: Zusammenfassung der Versuchsergebnisse

5.2 Taktile Tastmethoden

Taktile Tastmethoden bezeichnen Verfahren, bei denen ein programmiertes Suchmuster innerhalb eines vorgegebenen Suchbereichs vom Industrieroboter oder einer Positioniereinrichtung abgefahren und der Erfolg der Fügevorgänge durch eine Begrenzung der auftretenden Fügekraft kontrolliert wird. Zur Ermittlung der jeweils auftretenden Fügekraft dient ein in das Fügesystem integrierter Kraftsensor. Beim Erreichen der eingestellten Sensorschaltkraft in Fügerichtung, die noch nicht zu Beschädigungen der Werkstücke führt, wird der Fügevorgang unterbrochen und die nächste Suchposition angefahren.

5.2.1 Suchstrategien

Mögliche Suchstrategien unterscheiden sich in der Anordnung der Suchpunkte, der Reihenfolge und der Art und Weise, wie die Suchpunkte angefahren werden. Dabei können einzelne absolut oder inkremental ermittelte Suchpunkte angefahren oder ein Suchfeld unter ständiger Berührung der Werkstücke überstrichen werden (Bild 5.5).

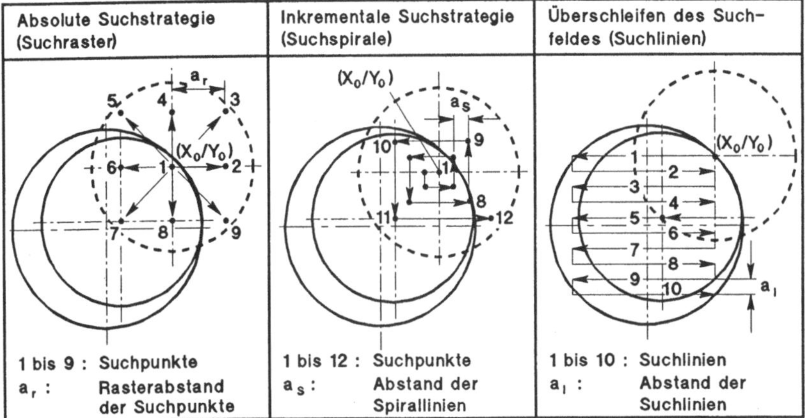

Bild 5.5: Taktile Suchstrategien

Bei der absoluten Suchstrategie dient die programmierte Fügeposition als Referenzpunkt für die Ermittlung der Suchpositionen. Wenn die Basisteilbohrung im Referenzpunkt nicht gefunden wird, werden sukzessive alle, sternförmig um den Referenzpunkt angeordneten Suchpunkte angefahren. Der Rasterabstand a_r der Suchpunkte wird dabei von der Wiederholgenauigkeit des eingesetzten Positioniersystems bestimmt.

Die inkrementale Suchstrategie verwendet jeweils die zuletzt angefahrene Position als Referenzpunkt für die Ermittlung des nächsten Suchpunktes. Das Suchmuster bildet eine quadratische Spirale um die programmierte Fügeposition. Der Abstand der Spirallinien a_s resultiert aus den inkrementalen Verfahrwegen des Positioniersystems.

Um auch den Bereich zwischen den Suchpositionen zu erfassen, kann das Fügeteil unter ständiger Berührung über dem Basisteil verfahren werden, bis der Fügekraftsensor die programmierte Schaltkraft unterschreitet und die Basisteilbohrung gefunden ist. Der Abstand der Suchlinien a_l muß dabei ebenfalls einem Inkrementschritt des Positioniersystems entsprechen. Nachteilig sind die erhöhten Werkstückbelastungen und die benötigte hohe Auflösung der Sensorschaltkraft. In Abwandlung können die Suchstrategien auch mit geschwenkten Füge- oder Basisteilen durchgeführt werden.

5.2.2   Experimentelle Untersuchungen

Die Erprobung der Suchstrategien erfolgte am Beispiel der Montage von Aufsetz-
teilen von Modellokomotiven. Als Versuchsträger diente ein Portalroboter IBM-RS1
mit einem integrierten Kraftsensor (Bild 5.6). Die Wiederholgenauigkeit des Gerä-
tes wurde mit ± 0,013 mm in x- und y-Richtung, inkrementale Verfahrwege jeweils
mit 0,008 mm bestimmt.

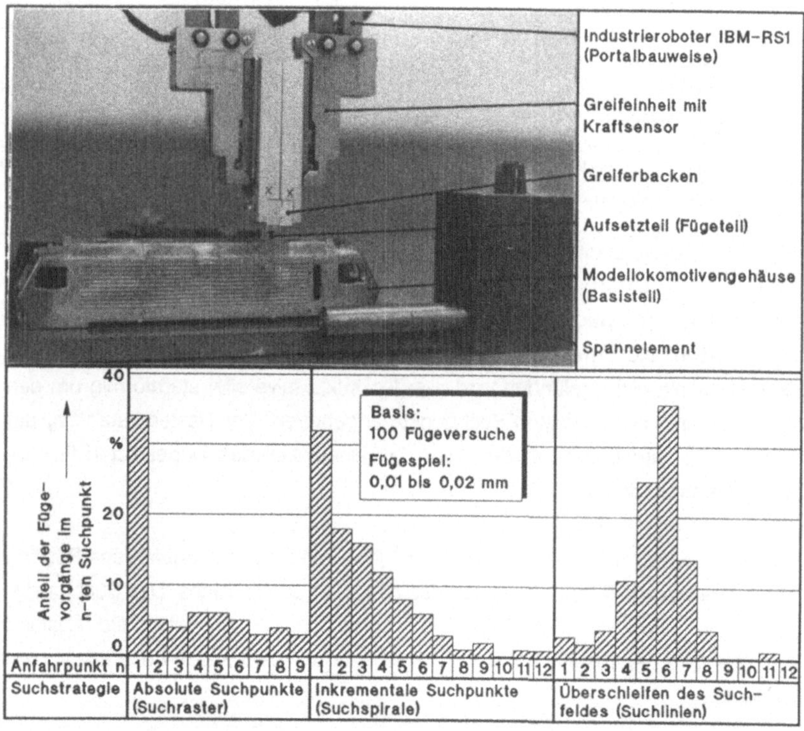

Bild 5.6:   Versuchsanordnung und Versuchsergebnisse

Für jede der aufgestellten Suchstrategien wurden 100 Fügeversuche durchgeführt
und dabei die Suchpunkte bzw. Suchlinien bestimmt bei denen der Fügevorgang
abgeschlossen wurde (Bild 5.6). Mit der absoluten Suchstrategie wurde eine nur
geringe Fügewahrscheinlichkeit < 70 % erreicht, mit den beiden anderen Strate-
gien betrug die Fügewahrscheinlichkeit 100 %. Durch die hohe Anzahl der erforderlichen Suchvorgänge betrugen die Suchzeiten mit dem eingesetzten Positio-
niersystem bis zu 12 s.

5.3 Verfahren mit Vibrationsunterstützung

Bei vibrationsunterstützten Fügeverfahren wird die Schwingungserregung eines Werkzeugs auf ein Werkstück übertragen und ein bestimmter Bereich in der Füge-querschnittssebene - das Toleranzkompensationsfeld - abgesucht, bis die dabei wirkende Fügekraft bei Überdeckung der Querschnitte von Fügeteil und Basisteil-bohrung die Abschlußphase des Fügevorgangs einleitet. Aufgrund der kleineren Abmessungen und Massen der Fügeteile gegenüber den Basisteilen empfiehlt es sich, die Fügeteile relativ zu ortsfesten Basisteilen in Schwingungen zu versetzen. Das aufgrund der geringeren zu bewegenden Massen günstigere dynamische Verhalten ermöglicht größere Amplituden der Schwingungsbewegungen und damit größere Toleranzkompensationsfelder und Fügewahrscheinlichkeiten.

5.3.1 Prinzipien der Suchbewegung

Lösungsprinzipien für schwingungserregte Suchbewegungen des Fügeteils unter-scheiden sich in der Art und Richtung der Schwingungserregung sowie der Schwingungsübertragung vom Werkzeug auf das Fügeteil (Bild 5.7). Konzept-abhängig ergeben sich Schwingungsspuren des Fügeteils in der Fügequer-schnittsebene. Die Schwingungsspuren des Fügeteilzentrums können als Trajek-torien der Suchbewegung im Toleranzkompensationsfeld dargestellt werden. Die überstrichene Fläche des Toleranzkompensationsfeldes TKF bestimmt die Größe der ausgleichbaren Positionsabweichungen, der maximale Abstand der Trajek-torien a_{Tm} das kleinstmögliche Fügespiel der Fügepartner. Die maximale Suchzeit und daraus resultiernde Fügevorgangszeit hängt ebenso wie die Fügewahrschein-lichkeit vom Zusammenspiel mehrerer Suchparameter ab:

- Art der Suchbewegungen,
- Höhe der Schwingungsfrequenzen,
- Überlagerung mehrerer Schwingungen und
- Gleichmäßigkeit der Schwingungsspur im Toleranzkompensationsfeld.

Spiralförmige Suchbewegungen mit Unwuchterregung sind einfach realisierbar und ermöglichen den Ausgleich großer Positionierfehler /82/, lassen jedoch nur geringe Schwingungsfrequenzen und große Abstände der Trajektorien a_T zu. Die erreichbare Auflösung, maximale Suchzeit und Fügewahrscheinlichkeit genügt nicht den in der Präzisionsmontage gestellten Anforderungen.

Formen der Suchbewegung	Spiralförmiges Suchbild	Ungleichmäßiges Suchmuster	Lissajoussche Figuren	Sinusförmiges Suchbild
Trajektorien der Suchbewegung des Fügeteils im Toleranz-kompensations-feld				
Schwingungs-erregung	Unwuchterregung	2 elektromagne-tische Linearan-triebe oder unge-steuerter pneu-matischer Vibrator	2 orthogonale und voneinander un-abhängige Linear-schwingungen	Kombination von Linearbewegung und orthogonaler Linearschwingung
Maximale Positions-abweichungen	Radius der Suchspirale	maximal mögliche Verfahrwege	Amplituden der Schwingungen	Amplituden von Schwingung und Verfahrbewegung
Minimale Fügespiele	Abstand der Spi-rallinien	zufällig	Rasterabstand der Trajektorien	Scheitelpunktsab-stand der Sinus-schwingung
Maximale Suchzeit	Periodendauer der Schwingung	zufällig	Entstehungsdauer der Lissajous-schen Figur	Dauer der linearen Verfahrbewegung
Realisierungs-aufwand	gering	mittel	mittel	hoch

<u>Bild 5.7:</u>   Konzepte für schwingungserregte Suchbewegungen

Der Toleranzausgleich mit Hilfe ungleichmäßiger Vibrationen wurde bereits für die Montage biegeschlaffer Teile erfolgreich erprobt /83/, die Ergebnisse sind jedoch nur bedingt auf die Verhältnisse der Feinwerktechnik übertragbar. Insbesondere die Fügevorgangszeit und Fügewahrscheinlichkeit sind aufgrund der ungleich-mäßigen, zufälligen Suchbewegungen unbestimmt, ein Trajektorienabstand kann nicht angegeben werden. Daher ist ein sicherer Ausgleich von Fügespielen im Mikrometerbereich nicht möglich.

Die Überlagerung einer periodischen Schwingung mit einer hierzu orthogonalen, gleichmäßigen Linearbewegung erzeugt ein sinusförmiges Suchbild /84/. Die Abmessungen des Toleranzkompensationsfeldes und damit die ausgleichbaren Positionsabweichungen werden durch die Amplitude der Schwingungen und die von der Lineareinheit zurückgelegte Strecke bestimmt. Die Periodendauer T der Schwingung in Verbindung mit der Geschwindigkeit der Linearbewegung liefert den maximalen Trajektorienabstand a_{Tm} der Suchbewegungen. Um einen Such-vorgang für sehr kleine Fügespiele zu ermöglichen, müssen Schwingungen mit hohen Frequenzen und langsame, gleichmäßige Linearbewegungen kombiniert werden.

Durch zwei orthogonale lineare Schwingungen mit unterschiedlichen Frequenzen f_x und f_y entsteht eine Schwingungsspur in der Fügequerschnittsebene, die das Toleranzkompensationsfeld systematisch absucht /85/. Die Trajektorien der Suchbewegung bilden sogenannte Lissajoussche Figuren, die das gesamte Toleranzkompensationsfeld rasterförmig bedecken. Die Amplituden der beiden Linearschwingungen bestimmen dabei die ausgleichbaren Positionsabweichungen, das Frequenzverhältnis f_x/f_y den maximalen Trajektorienabstand und damit das kleinstmögliche Fügespiel der Fügepartner. Hieraus und aus der absoluten Höhe der Frequenzen f_x und f_y ergibt sich die maximale Fügevorgangszeit. Mit dem Verfahren können theoretisch unendlich kleine Fügespiele erreicht werden, sofern annähernd gleichgroße Frequenzen gewählt werden. Praktisch sind Auflösungen < 1 μm jedoch nur schwer erreichbar, da das Toleranzausgleichssystem aufgrund in x- und y-Richtung unterschiedlicher zu bewegender Massen sowie der nicht exakt vorbestimmbaren Dämpfungen, Federkonstanten und des Schwingungsübertragungsverhaltens stets einen geringfügigen Frequenzunterschied und eine Phasenverschiebung der Frequenzen aufweist.

5.3.2 Ermittlung von Suchparametern und Suchtrajektorien

Das von dem Lissajousschen Schwingungsmuster abgedeckte Toleranzkompensationsfeld TKF bildet eine rechteckige Fläche in der Fügequerschnittsebene, deren Seitenlängen jeweils dem doppelten der beiden Schwingungsamplituden entsprechen. Um maximal mögliche Positionsabweichungen ausgleichen zu können, muß gelten

$$\hat{x} \geq e_{xm} \quad \text{und} \quad \hat{y} \geq e_{ym}. \tag{5.1}$$

Um einen sicheren Suchvorgang zu ermöglichen, muß der Abstand aller Suchtrajektorien a_T kleiner sein als das zur Verfügung stehende Fügespiel Δd der Fügepaarung. Für den maximalen Trajektorienabstand gilt die Bedingung

$$a_{Tm} \leq \Delta d. \tag{5.2}$$

Der Trajektorienabstand resultiert im wesentlichen aus dem Frequenzverhältnis f_x/f_y der beiden Schwingungen. Weitere Einflußgrößen sind die Größe der Amplituden und die Phasenverschiebung φ der Schwingungen. Bild 5.8 zeigt 4 charakteristische Suchmuster.

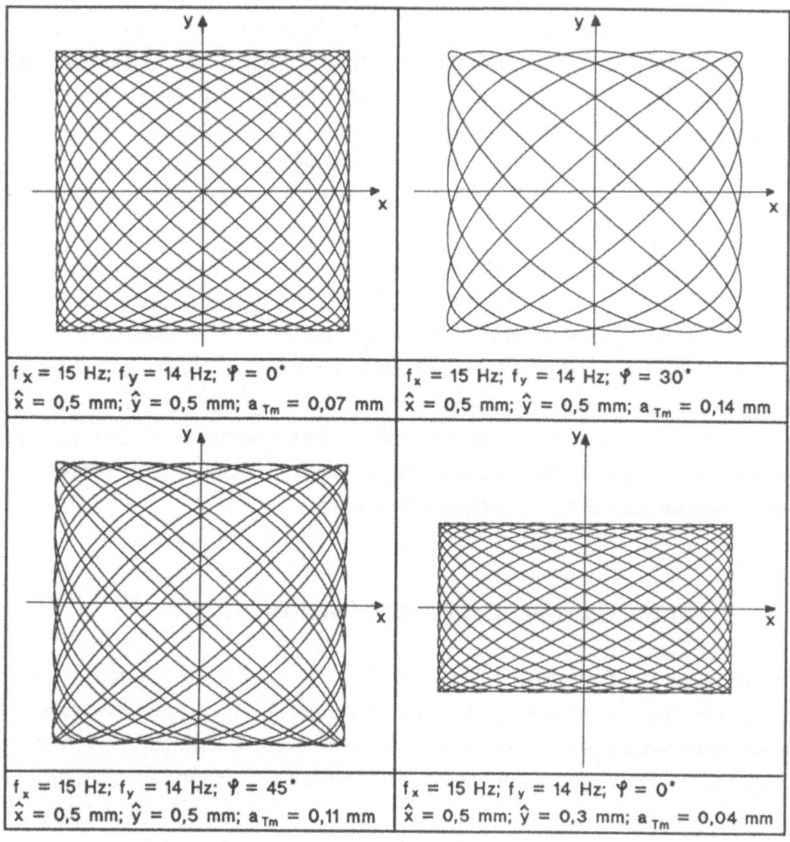

<u>Bild 5.8:</u>   Trajektorien der Suchbewegung im Toleranzkompensationsfeld

Die Suchmuster resultieren aus der Überlagerung der beiden Schwingungen

$$x(t) = \hat{x} \cdot \sin(2\pi f_x t) \tag{5.3}$$

$$y(t) = \hat{y} \cdot \sin(2\pi f_y t + \varphi). \tag{5.4}$$

Der jeweils größte Trajektorienabstand befindet sich in der Mitte des Toleranzkompensationsfeldes. Bereits die relativ kleinen Frequenzen f_x = 15 Hz und f_y = 14 Hz ermöglichen ein Fügespiel von Δd = 0,07 mm. Dabei wird eine Suchzeit von maximal t_{sm} = 1 s, benötigt, um das gesamte Toleranzkompensationsfeld zu überstreichen. Höhere Frequenzen bei gleichem Frequenzverhältnis bewirken kürzere Suchzeiten, bei kleinerem Frequenzverhältnis geringere Trajektorienabstände. Tritt eine Phasenverschiebung auf, vergrößern sich die Trajektorienabstände um bis zu Faktor 2. Bei Verringerung einer Amplitude reduzieren sich die Trajektorienabstände um das Amplitudenverhältnis.

Um für vorgegebene Fügespiele erforderliche Suchparameter bestimmen zu können, müssen die Zusammenhänge analytisch aufgezeigt werden. Für die Berechnung des maximalen Trajektorienabstandes a_{Tm} werden zunächst die geometrischen Verhältnisse am Beispiel einer idealisierten Lissajousschen Figur graphisch aufgezeigt (Bild 5.9). Dabei wird zur Vereinfachung zunächst von einem gleichmäßigen Trajektorienabstand im gesamten Toleranzkompensationsfeld, gleichgroßen Amplituden in x- und y-Richtung und der Phasenverschiebung $\varphi = 0$ ausgegangen. Diese Größen können in einem zweiten Schritt durch Korrekturfaktoren K_i berücksichtigt werden.

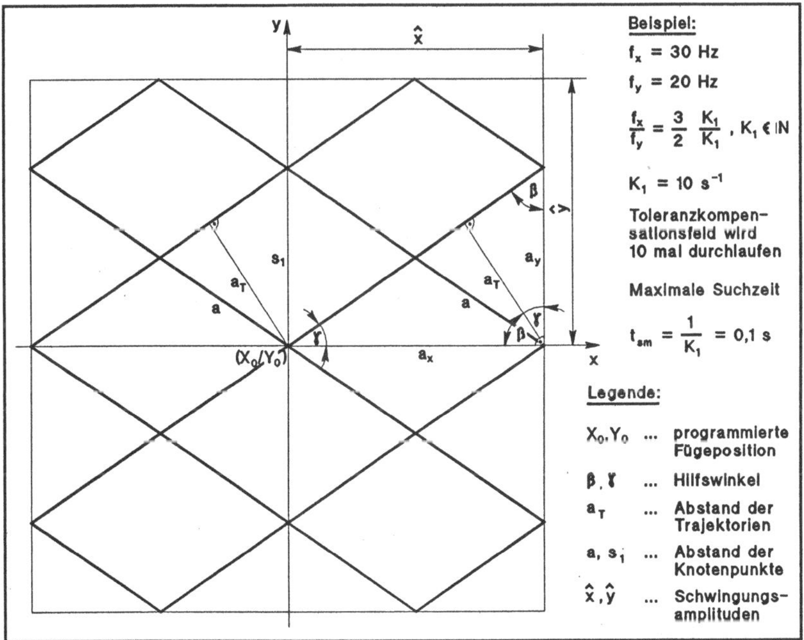

Bild 5.9: Idealisiertes Schwingungsmuster

Aus den trigonometrischen Beziehungen folgt

$$\tan \beta = \frac{a_x}{a_y} \, , \qquad \sin \beta = \frac{a_T}{a_y} \, , \qquad \text{somit} \qquad a_T = a_y \cdot \sin(\arctan \frac{a_x}{a_y}) \qquad (5.5)$$

$$\tan \gamma = \frac{a_y}{a_x} \, , \qquad \sin \gamma = \frac{a_T}{a_x} \, , \qquad \text{somit} \qquad a_T = a_x \cdot \sin(\arctan \frac{a_y}{a_x}) \qquad (5.6)$$

$$\text{mit} \qquad a_x = \frac{2\,\hat{x}}{f_y} \cdot K_1 \qquad \text{und} \qquad a_y = \frac{2\,\hat{y}}{f_x} \cdot K_1 \, , \qquad K_1 \, \epsilon \, N \qquad (5.7)$$

ergibt sich

$$a_T = \frac{2\,\hat{y}}{f_x} \cdot K_1 \cdot \sin(\arctan \frac{\hat{x} \cdot f_x}{\hat{y} \cdot f_y}) \qquad (5.8)$$

$$\text{Aus} \quad a = 0{,}5 \sqrt{a_x{}^2 + a_y{}^2} = K_1 \cdot \sqrt{\frac{\hat{x}^2}{f_y{}^2} + \frac{\hat{y}^2}{f_x{}^2}} \qquad (5.9)$$

und den für hohe Frequenzen zulässigen Näherungen $a_T = a$ und $f_x = f_y$ folgt:

$$a_T = \frac{\sqrt{\hat{x}^2 + \hat{y}^2}}{f_x} \cdot K_1 \qquad (5.10)$$

Aufgrund der inhomogenen Trajektoriendichte muß für die Ermittlung des maximalen Trajektorienabstandes a_{Tm} im Nullpunkt des Toleranzkompensationsfeldes zusätzlich ein Korrekturfaktor K_2 berücksichtigt werden. Aus <u>Bild 5.10</u> folgt:

$$K_2 = \frac{s_1{}'}{s_1} = \frac{\pi \cdot \sin \varepsilon_1}{2\,\varepsilon_1} \qquad (5.11)$$

Für $\varepsilon \longrightarrow 0$ gilt $\sin \varepsilon = \varepsilon$ und damit näherungsweise

$$K_2 = \frac{\pi}{2}$$

Beim Auftreten einer Phasenverschiebung φ muß ein weiterer Korrekturfaktor K_3 berücksichtigt werden, der abhängig von φ Werte zwischen 1 und 2 annimmt.

$$K_3 = 1 \dots 2$$

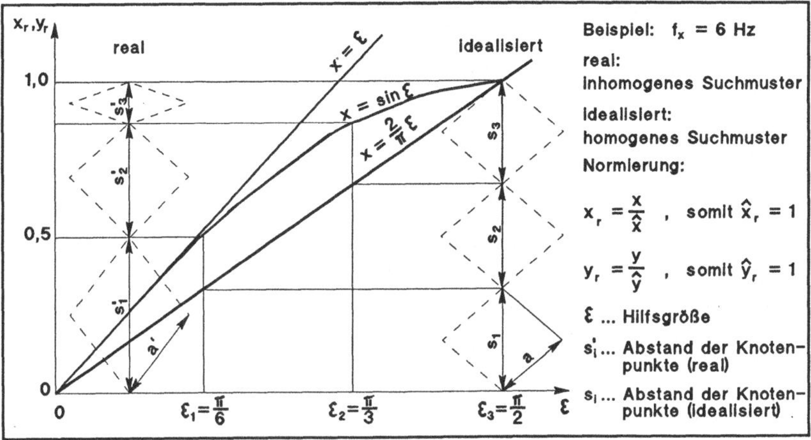

<u>Bild 5.10:</u> Hilfsmodell zur Bestimmung des Korrekturfaktors für die Inhomogenität der Trajektorien

Hieraus folgt für den maximalen Trajektorienabstand

$$a_{Tm} = \frac{2\,\hat{y}}{f_x} \cdot \sin\left(\arctan \frac{\hat{x} \cdot f_x}{\hat{y} \cdot f_y}\right) \cdot K_1 \cdot K_2 \cdot K_3 \qquad (5.12)$$

oder näherungsweise

$$a_{Tm} = \frac{\sqrt{\hat{x}^2 + \hat{y}^2}}{f_x} \cdot K_1 \cdot K_2 \cdot K_3 \qquad (5.13)$$

Die Parameter der Suchbewegung können nun für jede Fügeaufgabe ermittelt werden.

Amplituden: $\hat{x} \geq e_{xm}$ und $\hat{y} \geq e_{ym}$

Frequenzen: $f_x \geq \dfrac{\sqrt{e_{xm}^2 + e_{ym}^2}}{\Delta d} \cdot K_1 \cdot K_2 \cdot K_3 \qquad (5.14)$

$$f_y = f_x \cdot K_1 \qquad (5.15)$$

5.3.3 Entwicklung von Funktionsmustern

Die Realisierung der beschriebenen Suchbewegungen erfordert ein Werkzeug, das folgende Eigenschaften besitzt:

- Erzeugung von 2 orthogonalen, voneinander unabhängig einstellbaren linearen Schwingungen,
- Schwingungsübertragung auf Greifer und Fügeteil,
- Anflanschbarkeit an Industrieroboter,
- Nachgiebigkeit in Fügerichtung und
- Überwachung des Federwegs in Fügerichtung, um das Ende des Suchvorgangs zu erkennen.

Hierzu können 4 planparallele Platten gemäß __Bild 5.11__ angeordnet, durch Blattfedern miteinander verbunden und relativ zueinander bewegt werden.

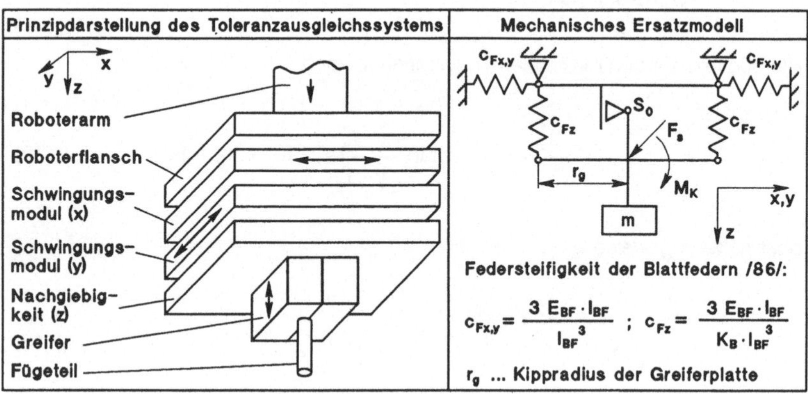

__Bild 5.11:__ Prinzipdarstellung und mechanisches Ersatzmodell des Werkzeugs

Die um das Werkzeug allseitige, symmetrische Anordnung der Federelemente führt dazu, daß einander gegenüberliegende Federn zum einen auf Zug, zum anderen auf Druck beansprucht werden. Hieraus resultiert die Zug-Druck-Steifigkeit des Werkzeugs

$$c_x = n_F \cdot c_{Fx} \qquad (5.16)$$

$$c_y = n_F \cdot c_{Fy} \qquad (5.17)$$

$$c_z = n_F \cdot c_{Fz} \qquad (5.18)$$

Die Drehsteifigkeit des Werkzeugs berechnet sich nach /87/:

$$c_z{}' = 0{,}75\, n_F \cdot r_g{}^2 \tag{5.19}$$

Die Federauslegung erfolgt in Abhängigkeit von der maximal zulässigen Fügeteilbelastung. Hieraus ergeben sich Einsatzgrenzen des Verfahrens bei empfindlichen Werkstücken, da sich mit abnehmenden Federsteifigkeiten das Schwingungsübertragungsverhalten des Vibrationswerkzeugs verschlechtert.

Für die Schwingungserregung können folgende Antriebsarten verwendet werden:

- Druckluftvibratoren,
- Piezotranslatoren,
- Elektromotoren mit Taumelscheibe und
- Elektromagnete.

Elektromagnetische Antriebe werden aufgrund ihrer zu großen Massen im folgenden nicht weiter betrachtet. Die übrigen Antriebsarten unterscheiden sich in den damit erreichbaren Amplituden, Frequenzen und Erregerkräften und können deshalb alternativ für unterschiedliche Suchaufgaben eingesetzt werden (Bild 5.12).

Eine Messung von Frequenzen und Amplituden ermöglicht es, Einsatzbereiche der Antriebssysteme gegeneinander abzugrenzen. Für alle Schwingungsmodule wurden die auftretenden Beschleunigungen mit an der unteren Werkzeugplatte und am Greifer angebrachten Beschleunigungsaufnehmern gemessen und mit einem Frequenzanalysator ausgewertet. Die Ermittlung der Amplituden erfolgte durch zweifache Integration der gemessenen Beschleunigungswerte. Durch die Kippbewegungen der unteren Werkzeugplatte konnten am Greifer größere Amplituden gemessen werden als direkt an der Platte. Maximale Amplituden wurden im Resonanzbetrieb bestimmt, z.B. beim Druckluftvibrator bei 120 Hz, der 2. Oberschwingung der Resonanzfrequenz von 30 Hz.

Aufgrund der nur sehr kleinen erreichbaren Amplituden können Piezotranslatoren nur bei Positionsabweichungen < 0,1 mm eingesetzt werden. Die hohen Frequenzen der Elektromotoren ermöglichen auch bei Fügespielen im Mikrometerbereich extrem kurze Suchzeiten. Die Realisierung eines Werkzeugs mit Druckluftvibratoren erfordert den vergleichsweise geringsten technischen Aufwand.

Schwingungs-erreger	Druckluftvibratoren	Piezotranslatoren	Elektromotoren mit Taumelscheiben
Ersatzsystem			
Bewegungs-gleichung	$(m_1+m_2)\ddot{q}+b_1\dot{q}+c_1q=m_2\ddot{u}(t)$	$m_1\ddot{q}+b_1\dot{q}+c_1q=F(t)$	$m_1\ddot{q}+b_1\dot{q}+c_1q=F(t)$
Störfunktion	$\ddot{u}(t)=\omega^2\cdot\dfrac{s_k}{2}\cdot\sin\omega t$	$F(t)=\dfrac{\Delta l}{2}\cdot\dfrac{c_1\cdot c_2}{c_1+c_2}\cdot\sin\omega t$	$F(t)=c_1h_T\cdot\sin\omega t$
Differential-gleichung	$\ddot{q}+2\,\delta\,\dot{q}+\omega_0^2 q=\dfrac{m_2}{m_1+m_2}\ddot{u}(t)$	$\ddot{q}+2\,\delta\,\dot{q}+\omega_0^2 q=\dfrac{F(t)}{m_1}$	$\ddot{q}+2\,\delta\,\dot{q}+\omega_0^2 q=\dfrac{F(t)}{m_1}$
maximale Erregerkraft	$\hat{F}=m_2\cdot 4\,\pi^2 f^2\cdot\dfrac{s_k}{2}$	$\hat{F}=c_2\Delta l_0\cdot\dfrac{c_1}{c_1+c_2}$	$\hat{F}=\dfrac{\pi}{h_T}\cdot\hat{M}$
maximale Erregerfrequenz [*]	138 Hz	267 Hz	423 Hz
Amplitude am Schwinger [*]	0,1 mm	0,03 mm	0,2 mm
Amplitude am Greifer [*]	0,3 mm	0,09 mm	0,6 mm
Aufwand für Realisierung	gering	hoch	mittel

Abklingkonstante: $\delta=\dfrac{b}{2m}$ [*] : analytisch ermittelt

Eigenkreisfrequenz: $\omega_0=\sqrt{\dfrac{c}{m}}$

Bild 5.12: Lösungsprinzipien für die Schwingungserregung /88/

Um das theoretisch erarbeitete Verfahren für den Toleranzausgleich mit Vibrationsunterstützung zu erproben und Einsatzparameter zu ermitteln, wurde ein prototypisches Versuchswerkzeug mit Durchluftvibratoren realisiert (Bild 5.13). Die Erregerfrequenzen können durch den anliegenden Druck an einem Manometer, die Amplituden durch den Volumenstrom an zwei Drosseln eingestellt werden. Die untere Platte des Werkzeugs trägt einen Parallelbackengreifer mit Greiferbackenwechselsystem für verschiede Fügeteile und ist mit allseitig angebrachten, gebogenen Blattfedern an dem unteren Schwingungsmodul befestigt. Dadurch wird eine Nachgiebigkeit in Fügerichtung ermöglicht und das Ende der Suchphase mit einem integrierten Näherungsschalter erkannt. Gleichzeitig kann durch die zusätzliche Kippmöglichkeit der unteren Platte die Schwingungsamplitude erweitert und ein Verkanten der Werkstücke in der Kontakt- und Abschlußphase vermieden werden.

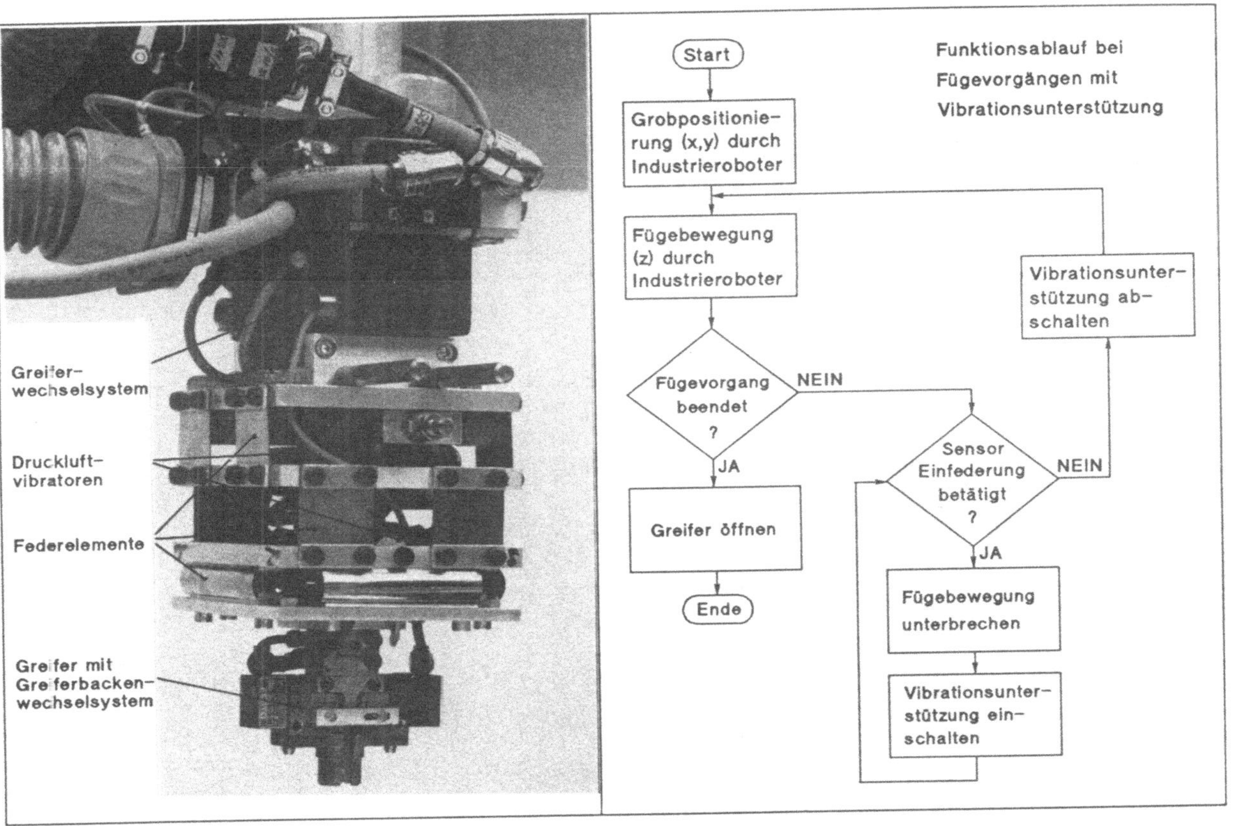

Bild 5.13: Versuchswerkzeug und Funktionsablauf

Der Ablauf des Fügevorgangs mit Vibrationsunterstützung ist durch abwechselnde Fügebewegungen des Industrieroboters und Suchbewegungen des Vibrationswerkzeuges gekennzeichnet (Bild 5.13). Der Roboter positioniert das Fügeteil über der programmierten Fügeposition des Basisteils und verfährt linear in Fügerichtung (z-Achse), bis der Sensor der Werkzeugeinfederung anspricht. Hierdurch wird die Suchbewegung durch das Vibrationswerkzeug ausgelöst und solange durchgeführt, bis das Fügeteil die Basisteilbohrung gefunden hat und der Einfederungssensor abschaltet. Anschließend setzt der Roboter die Fügebewegung fort, bis der Fügevorgang abgeschlossen ist.

Durch ein Verkanten des Fügeteils in der Basisteilbohrung während der Kontakt- und Abschlußphase kann der Fügevorgang nochmals unterbrochen werden. Dies wird durch den Einfederungssensor erkannt und durch erneute Vibrationsbewegungen kompensiert.

5.3.4 Experimentelle Untersuchungen

Für die Erprobung des entwickelten Verfahrens wurde ein Versuchsaufbau realisiert, mit dem fasenlose Paßstifte unterschiedlicher Durchmesser in ebenfalls fasenlose Bohrungen bei Fügespielen von maximal 0,015 mm montiert werden können. Von einem SCARA-Roboter werden die Paßstifte mit verschiedenen Positionsabweichungen über den Bohrungen einer Versuchsplatte positioniert und ein Toleranzausgleich mit dem Druckluft-Vibrationswerkzeug durchgeführt.

Für die Bestimmung der Suchzeiten wurde der Signalverlauf des Einfederungssensors am Versuchswerkzeug zeitlich erfaßt. Die Messung der eingestellten Frequenzen und Amplituden erfolgte mit Hilfe von Beschleunigungsaufnehmern am Greifer und einem Frequenzanalysator. Erste Versuche mit Stiftdurchmessern von 1,00 mm und Hochgeschwindigkeitsaufnahmen bestätigten die theoretischen Überlegungen (Bild 5.14).

Für die experimentelle Ermittlung geeigneter Werkzeugparameter und Einsatzbereiche des Verfahrens wurde der Versuchsaufbau durch 2 praktische Einsatzfälle erweitert, bei denen jeweils ein Ventilkolben in ein Pumpengehäuse mit einem Fügespiel von 7 μm und in ein Wegeventilgehäuse mit einem Fügespiel von 4 μm montiert wurde. Die Ventilkolben hatten dabei ebenso wie die Pumpen- und Wegeventilgehäuse keine Fasen und wiesen scharfe Fügekanten auf.

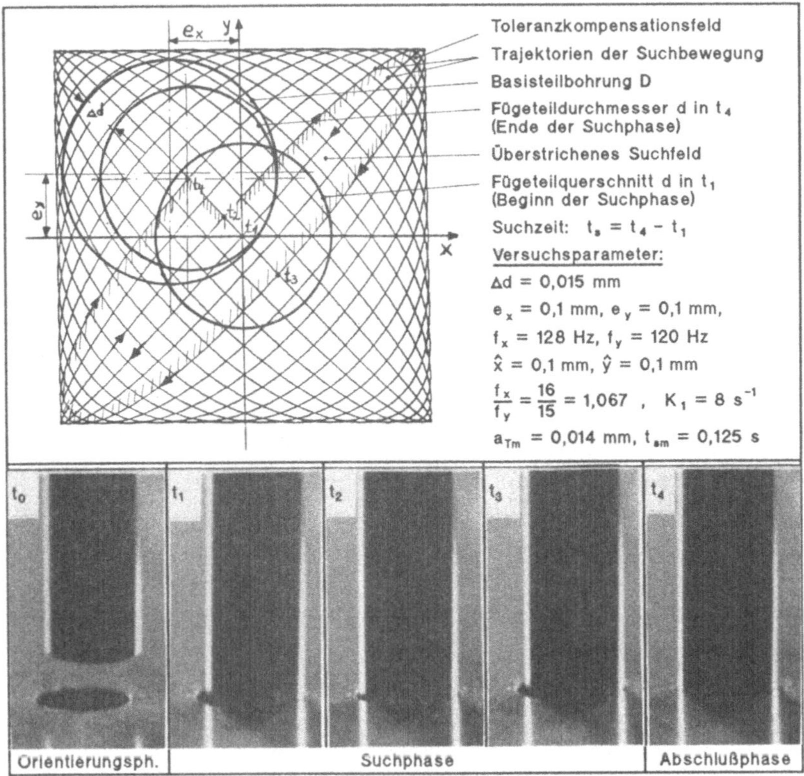

Bild 5.14: Fügen eines Bolzens mit Exzentrizität (Hochgeschwindigkeitsaufnahmen)

In mehreren Versuchsreihen wurden Luftdrücke bzw. Frequenzen, Frequenzverhältnisse und Luftströme bzw. Amplituden variiert und hieraus Fügewahrscheinlichkeiten, Suchzeiten und maximal ausgleichbare Positionsabweichungen von Fügeteil und Basisteilbohrung ermittelt (Bild 5.15). Die Suchvorgänge wurden nach jeweils 2 s beendet und die Ergebnisse protokolliert.

Die an den Drosseln des Werkzeugs eingestellten Luftströme beeinflussen die erreichbaren Amplituden nur geringfügig. Am Fügeteil wurden in x- und y-Richtung Amplituden von 0,1 mm gemessen, die bei Frequenzen von 120 Hz (Resonanzfrequenz) 0,3 mm erreichten.

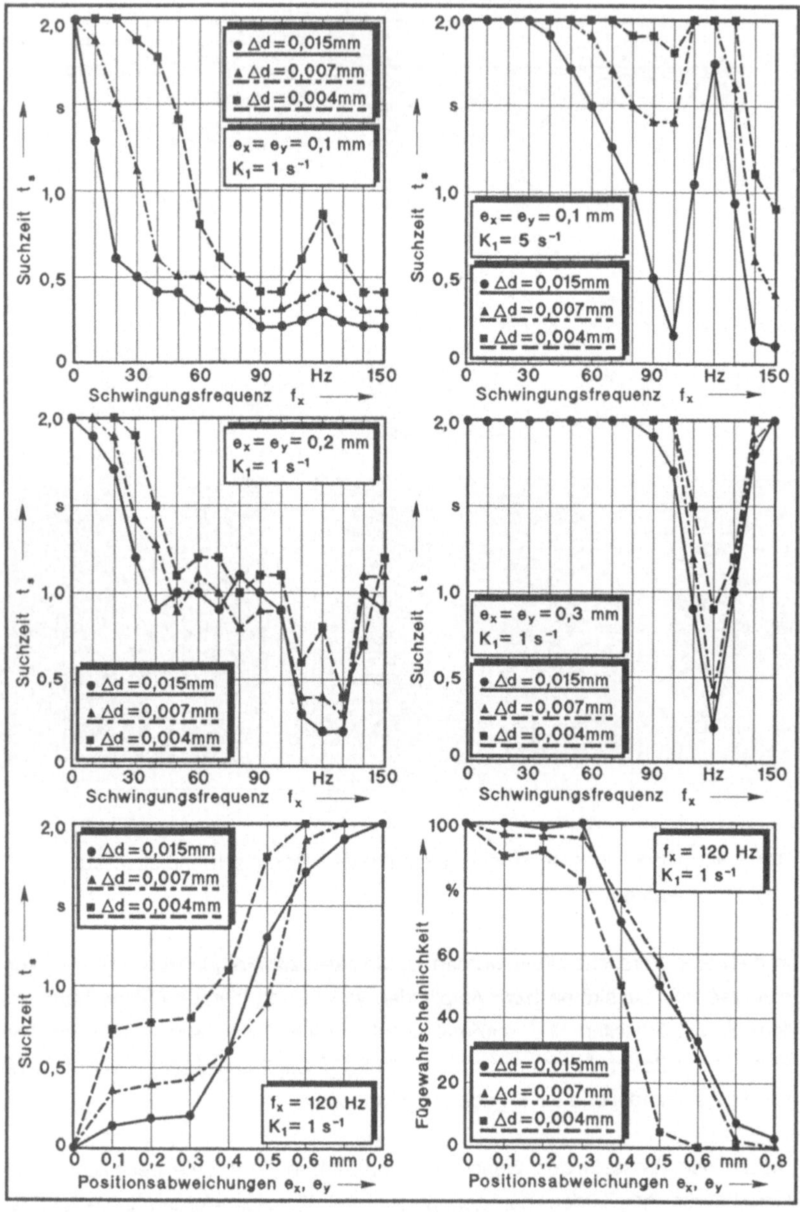

Bild 5.15: Versuchsergebnisse (Mittelwerte aus jeweils 10 Messungen)

In Übereinstimmung mit den theoretischen Untersuchungen ergaben sich folgende Ergebnisse:

- bei gleichbleibendem Frequenzverhältnis nehmen die Suchzeiten mit zunehmenden Frequenzen ab,
- im Resonanzbetrieb wird ein Ausgleich von größeren Positionsabweichungen ermöglicht, dabei steigen die Suchzeiten an,
- größere Frequenzunterschiede ermöglichen kürzere Suchzeiten und vergrößern die erreichbaren Fügespiele,
- größere Amplituden erhöhen die Suchzeiten,
- Positionsabweichungen > 0,1 mm können nur im Resonanzbetrieb sicher ausgeglichen werden.

In einigen Fällen konnten auch Positionsabweichungen von bis zu 0,6 mm ausgeglichen werden, obwohl die maximalen Schwingungsamplituden des Fügeteils nur 0,3 mm betrugen. Die Auswertung von Hochgeschwindigkeitsaufnahmen zeigte einen Stick-Slip-Effekt. Das Fügeteil verkantet am Bohrungsrand durch ein leichtes Kippen und schwingt danach über seine Amplitudengrenze von 0,3 mm hinaus.

5.4 Bewertung und Anwendungsbereiche der Lösungsprinzipien

Die untersuchten Verfahren wurden in __Bild 5.16__ bewertet und einander vergleichend gegenübergestellt.

Die besten Ergebnisse lieferten Verfahren mit Vibrationsunterstützung, die bei nur geringem Realisierungsaufwand universell eingesetzt werden können und auch für Positionsabweichungen von bis zu 0,3 mm einen sicheren Toleranzausgleich bei Fügespielen im Mikrometerbereich ermöglichen. Die einzige Einschränkung vibrationsunterstützter Fügemethoden besteht für sehr empfindliche Werkstücke, die den während des Suchvorgangs wirkenden Belastungen nicht standhalten und möglicherweise beschädigt werden.

Taktile Suchstrategien erlauben zwar einen Toleranzausgleich bei Fügespielen von 0,01 mm, erfordern jedoch einen hohen Aufwand für die Realisierung von Sensorik und Feinpositioniereinrichtungen. Die Suchzeiten steigen mit dem Quadrat der Exzentrizität an und führen bereits bei Positionsabweichungen von 0,1 mm zu Suchzeiten > 10 s.

Gesteuerte Such- methoden Bewer- tungskriterien	Zentrierung von Werkstücken in Luftströmungen	Taktile Such- strategien (Tastmethoden)	Verfahren mit Vibrationsunter- stützung
Ausgleichbare Positionier- fehler	± 0,5 mm	± 0,2 mm	± 0,3 mm
Form des Toleranz- kompensationsfeldes	kreisförmig	beliebig	rechteckig
Kleinstmögliche Fügespiele	0,1 mm	0,01 mm	0,001 mm
Maximale Suchzeiten	0,9 s	12 s [1]	1,0 s
Durchschnittliche Fügewahr- scheinlichkeit	98 %	90 %	99 %
Kleinstmögliche Werkstück- belastung	0,9 N	2,3 N [2]	5 N
Flexibilität	gering	hoch	hoch
Störungsempfindlichkeit	hoch	mittel	gering
Realisierungsaufwand	mittel	hoch	mittel

[1]: abhängig vom Feinpositioniersystem

[2]: abhängig vom Sensorsystem

<u>Bild 5.16:</u> Vergleichende Gegenüberstellung der untersuchten Verfahren

Durch geeignete Luftströmungen konnten im Experiment Zentriereffekte beobachtet werden, die zu einem Toleranzausgleich bei Positionsabweichungen von bis zu 3,2 mm führen. Ein minimales Fügespiel von 0,1 mm konnte dabei nicht unterschritten werden. Die jeweilige Werkstückgeometrie beeinflußt das benötigte Strömungsfeld und schränkt die Flexibilität des Verfahrens ein. Die Vielzahl der Luftzuführungen erfordert einen großen Platzbedarf und verhindert die Realisierung eines Werkzeugs in kompakter Bauweise. Bei ausreichenden Fügefreiräumen kann das Verfahren für leichte Werkstücke eingesetzt werden.

6 Entwicklung von geregelten Verfahren für den Toleranzausgleich mit taktiler Sensorik

Durch ein Messen der auftretenden Fügereaktionskräfte und -momente bzw. der resultierenden Lageabweichungen nachgiebiger Systeme bei exzentrischen Fügevorgängen können auf Größe und Richtung der Positionsabweichung von Fügeteil und Basisteilbohrung geschlossen und geeignete Korrekturbewegungen ausgeführt werden. Damit durch die Toleranzausgleichsmethode Fügespiele < 0,01 mm erreicht werden können, müssen geeignete Greifer-Sensorsysteme eingesetzt und taktile Fügestrategien entwickelt werden.

6.1 Theorie des Fügeprozesses

Bei exzentrischem Aufsetzen des Fügeteils auf dem Basisteil können mehrere Fügezustände unterschieden werden, bei denen verschiedene Fügereaktionskräfte und Kippmomente auftreten (Bild 6.1).

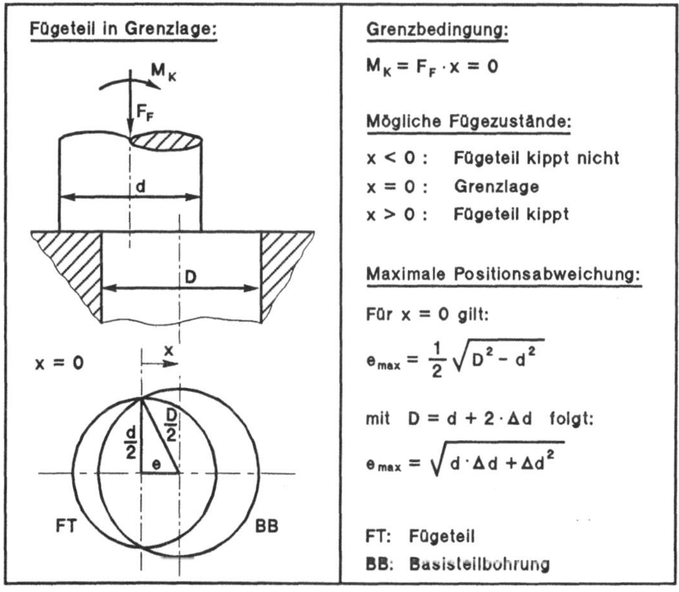

Bild 6.1: Fügezustände bei Exzentrizität

Solange das Fügeteilzentrum außerhalb der Basisteilbohrung liegt, können lediglich Kräfte in z-Richtung gemessen werden, die keine Aussage über Größe und Richtung der Exzentrizität erlauben. Befindet sich das Fügeteilzentrum innerhalb der Bohrung, kann aus den gemessenen Kippmomenten die Richtung der erforderlichen Ausgleichsbewegung ermittelt werden. Aus der Grenzbedingung für das Kippmoment (Bild 6.1) berechnet sich die mit dem Verfahren maximal ausgleichbare Positionsabweichung, für die noch ein Kippen des Fügeteils auftritt. Bei der Montage von Hybridsockelstiften mit einem Fügespiel von 0,01 mm und Stiftdurchmessern von 0,45 mm zum Beispiel beträgt die maximal ausgleichbare Positionsabweichung 0,07 mm.

Bei exzentrischem Aufsetzen der Fügeteile muß das Sensorsystem bereits bei minimalen Fügekräften ansprechen und den Fügevorgang unterbrechen, um Beschädigungen der Fügeteile zu vermeiden. Für die Berechnung der maximal zulässigen Fügekraft müssen mögliche Versagensfälle untersucht werden. Das Fügeteil unterliegt einer Druckbeanspruchung, die bei spröden Werkstoffen zu Bruch, bei zähen Werkstoffen zu Fließen führen kann /89/. Die maximal zulässige Spannung beträgt:

$$\sigma_{dF} = \frac{F_F}{A_F} \leq \sigma_{zul} \tag{6.1}$$

Für die Berechnung der zulässigen Knicklast, ab der ein Ausknicken des druckbeanspruchten Fügeteils auftritt, gilt bei exzentrischem Aufsetzen des Fügeteils der 1. Eulersche Knickfall /89/:

$$F_K = \frac{\pi^2}{4} \cdot \frac{E_F \cdot I_F}{I_{Ff}^2} \tag{6.2}$$

Aus den beschriebenen Versagensfällen resultiert beispielsweise für Hybridsockelstifte mit einem Durchmesser von 0,45 mm bei einer freien Länge der Stifte im Greifer von 15 mm eine maximal zulässige Fügekraft von 3,1 N. Kürzere freie Längen der Fügeteile ermöglichen größere Fügekräfte bei der Montage, sind jedoch durch die maximalen Fügeeingriffswege der jeweiligen Fügeaufgaben nur in begrenztem Umfang möglich. Durch eine geeignet hohe Auflösung des Sensorsystems und die Überwachung der Sensordaten durch das Fügesystem muß sichergestellt werden, das die jeweils maximal zulässige Fügekraft nicht überschritten wird.

6.2 Greifer-Sensorsystem

Bei der Ermittlung der Positionsabweichung besitzen nachgiebige Systeme mit Wegmeßsystemen den Nachteil, daß aufgrund der Nachgiebigkeit der Systeme keine exakt wiederholgenaue Nullage erreicht werden kann. Für feinwerktechnische Anforderungen günstigere taktile Systeme verwenden Dehnmeßstreifen und Piezoaufnehmer für die Kraft-Momentenmessung.

Das für die Erprobung taktiler Fügestrategien eingesetzte Greifer-Sensorsystem von IBM /90/ besteht aus einem Parallelbackengreifer mit programmierbarem Greiferweg. Für das wiederholgenaue Greifen zylindrischer Stifte mit Durchmessern < 1 mm wurde eine je aus einer Prismenbacke und einer Flachbacke bestehende Greiferbackenkombination gewählt. Das Sensorsystem besteht aus mehreren in den Greifer integrierten Kraftaufnehmern, die mit Dehnmeßstreifen realisiert wurden (Bild 6.2). Die jeweils paarweise Anordnung der Dehnmeßstreifen am Greifer ermöglicht durch eine Auswertung der Ausgangsspannungen der Kraftaufnehmer Rückschlüsse auf die wirkenden Greifkräfte, Fügekräfte und Querkräfte mit einer Auflösung von 0,01 N.

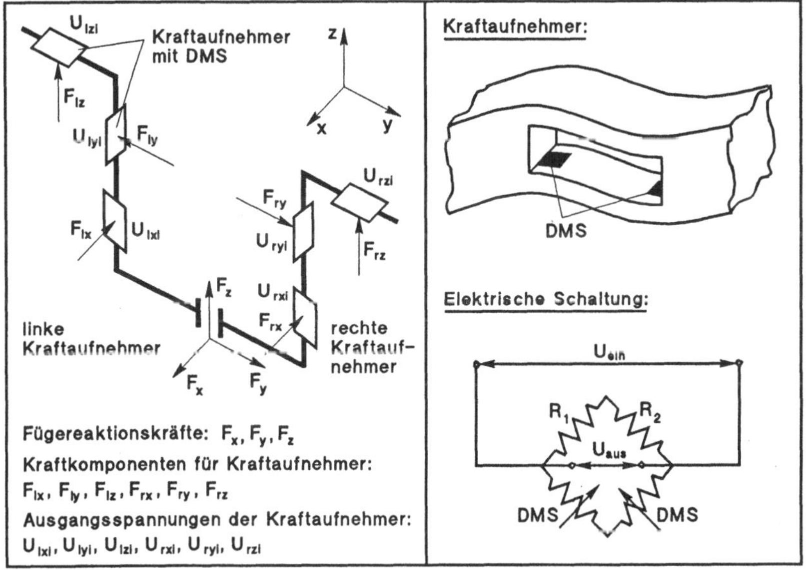

DMS: Dehnmeßstreifen

Bild 6.2: Schematische Darstellung des Sensorsystems und Meßprinzip /90/

6.3   Taktile Fügestrategien

6.3.1   Auswertung von Kippsignalen

Die mit dem Greifer-Sensorsystem ermittelten Querkräfte F_x und F_y sowie unterschiedliche Fügekräfte F_{lz}, F_{rz} am linken und rechten Kraftaufnehmer zeigen ein Kippmoment M_K an, aus dem auf die Richtung der Positionsabweichung und damit auf die Richtung der erforderlichen Korrekturbewegung geschlossen werden kann. Um Störungen durch Greifkräfte und Temperatureinflüsse zu eliminieren, werden jeweils die Meßwertänderungen der Dehnmeßstreifen im belasteten Zustand gegenüber dem Ausgangszustand betrachtet. Die Differenz der vor dem Fügen und beim Fügen gemessenen Ausgangsspannungen der Kraftaufnehmer liefert die entsprechenden Kippsignale:

$$S_{lx} = U_{lx2} - U_{lx1} \quad ; \quad S_{rx} = U_{rx2} - U_{rx1} \tag{6.3}$$

$$S_{ly} = U_{ly2} - U_{ly1} \quad ; \quad S_{ry} = U_{ry2} - U_{ry1} \tag{6.4}$$

$$S_{lz} = U_{lz2} - U_{lz1} \quad ; \quad S_{rz} = U_{rz2} - U_{rz1} \tag{6.5}$$

Da die Dehnmeßstreifen des rechten und linken Kraftaufnehmers jeweils in derselben bzw. in einander entgegengesetzter Richtung wirken, müssen die aufgenommenen Signale zur Ermittlung von Kenngrößen für den Fügezustand paarweise addiert oder subtrahiert werden:

$$A_x = S_{rx} + S_{lx} \quad ; \quad D_x = S_{rx} - S_{lx} \tag{6.6}$$

$$A_y = S_{ry} + S_{ly} \quad ; \quad D_y = S_{ry} - S_{ly} \tag{6.7}$$

$$A_z = S_{rz} + S_{lz} \quad ; \quad D_z = S_{rz} - S_{lz} \tag{6.8}$$

Die wertmäßige Ermittlung der Exzentrizität im jeweils vorliegenden Fügefall ist aus den ermittelten Kenngrößen nicht möglich. Die qualitative Auswertung der Kenngrößen (positiv, negativ) ermöglicht jedoch eine Zuordnung von Kenngrößenkombinationen und Fügezuständen, aus denen unmittelbar die Richtungen der erforderlichen Korrekturbewegungen resultieren. Bild 6.3 zeigt den Ablauf der Meßwerterfassung, der Auswertung der ermittelten Kippsignale mit Hilfe einer Zustandstabelle und der abschließenden Feinpositionierung mit taktiler Fügestrategie für eine Fügeposition. Die Feinpositionierung erfolgt durch inkrementale Verfahrbewegungen der Feinpositioniereinrichtung in $\pm$ x-Richtung und $\pm$ z-Richtung abhängig von der aus der Zustandstabelle ermittelten Richtungskorrektur.

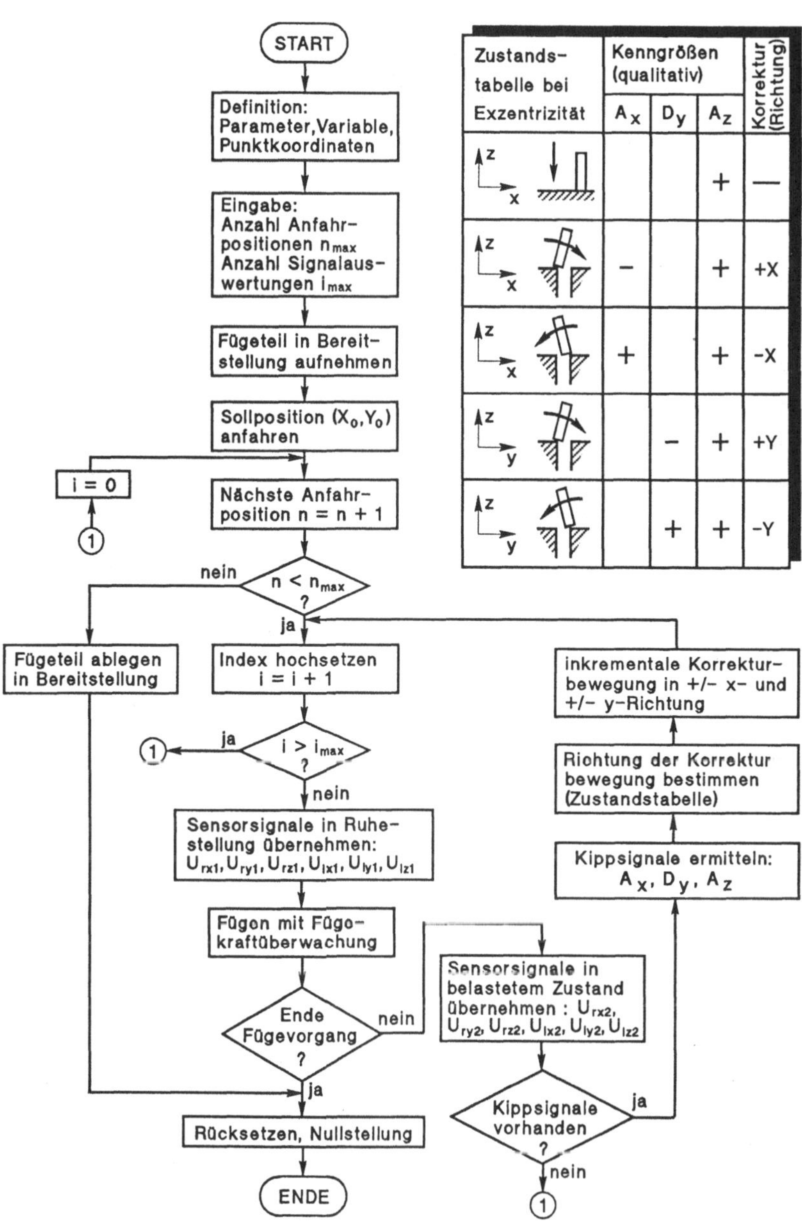

Bild 6.3: Taktile Fügestrategie mit Auswertung von Kippsignalen

Wenn in der Sollposition X_0, Y_0 kein Kippsignal vorliegt oder nach einer programmierten Anzahl von Korrekturbewegungen i_{max} der Suchvorgang nicht abgeschlossen werden kann, wird eine neue Anfahrposition n gewählt und der Suchvorgang fortgesetzt. Der Suchvorgang wird erst dann abgebrochen, wenn für eine vorgegebene Anzahl von Anfahrpositionen, die um die Sollposition im Toleranzkompensationsfeld angeordnet sind, kein erfolgreicher Fügevorgang möglich ist.

6.3.2 Verfahren zur Kompensation von Geometrieabweichungen und Parallelitätsfehlern

In der Analyse ermittelte herstellungsbedingte Geometrieabweichungen an den Stirnflächen feinwerktechnischer Fügeteile und Parallelitätsfehler der Fügeachsen bewirken, daß Kippsignale bereits beim Aufsetzen der Fügeteile auf eine zur Fügequerschnittsebene parallele Fläche auftreten können. Mögliche Fehlerursachen und die Position des jeweiligen Aufsetzpunktes P sind in <u>Bild 6.4</u> dargestellt.

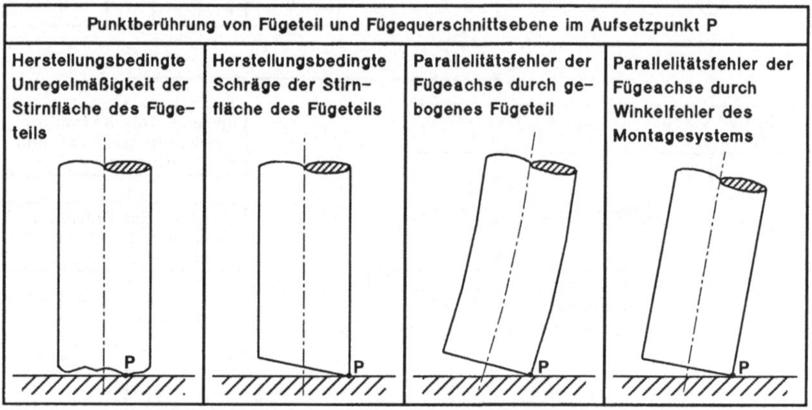

<u>Bild 6.4:</u>   Aufsetzpunkt P des Fügeteils durch Geometrieabweichungen und Parallelitätsfehler

Die Parallelitäts- und Geometrieabweichungen führen bei taktilen Fügestrategien zu folgenden Fehlern:

1. Bei einem Aufsetzen des Fügeteils außerhalb der Grenzlage von Fügeteil und Basisteilbohrung treten bereits Kippsignale auf, aus denen falsche Korrekturbewegungen abgeleitet werden.

2. Die Kippsignale und damit die Richtung der Korrekturbewegungen werden bei
   einem Aufsetzen des Fügeteils innerhalb der Grenzlage von Fügeteil und
   Basisteilbohrung verfälscht.

Durch eine Referenzfahrt vor dem eigentlichen taktilen Suchvorgang können die
auftretenden Fehler kompensiert werden. Dazu wird das Fügeteil auf einer zur
Fügequerschnittsebene parallelen Fläche aufgesetzt und aus den dabei ermittelten
Kippsignalen die Richtung der Abweichung des Aufsetzpunktes relativ zur Fügeachse bestimmt. Die nachfolgende Suchstrategie beim Fügen hängt unmittelbar
von der Lage des Aufsetzpunktes P im Toleranzkompensationsfeld ab (Bild 6.5).

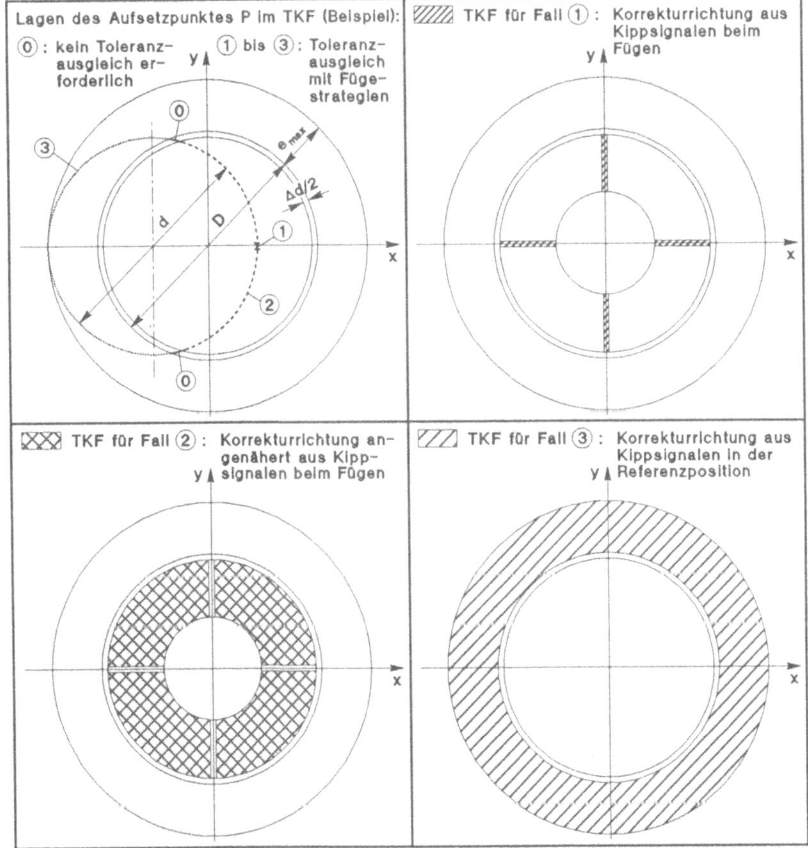

Bild 6.5: Abhängigkeit der Suchstrategie von der Position des Aufsetzpunktes P

Stimmen die Kippsignale beim Fügevorgang mit denen bei der Referenzfahrt innerhalb eines vorgebbaren Toleranzbereichs überein, befindet sich der Aufsetzpunkt des Fügeteils außerhalb der Basisteilbohrung. Die Richtung der Korrekturbewegung folgt aus den mit der Referenzfahrt bestimmten Kippsignalen. Weichen die Kippsignale beim Fügevorgang und bei der Referenzfahrt voneinander ab, liegt der Aufsetzpunkt des Fügeteils innerhalb der Basisteilbohrung. Der Toleranzausgleich erfolgt durch eine Auswertung der Kippsignale beim Fügevorgang (Bild 6.3). Für Positionen des Aufsetzpunktes gemäß Fall "2" aus Bild 6.5 kann die Korrekturrichtung nur näherungsweise bestimmt werden.

6.4 Experimentelle Untersuchungen

6.4.1 Versuchsaufbau

Die Erprobung der taktilen Fügeverfahren erfolgt am Beispiel der Montage von Diodenstiften und Hybridsockelstiften (Bild 6.6).

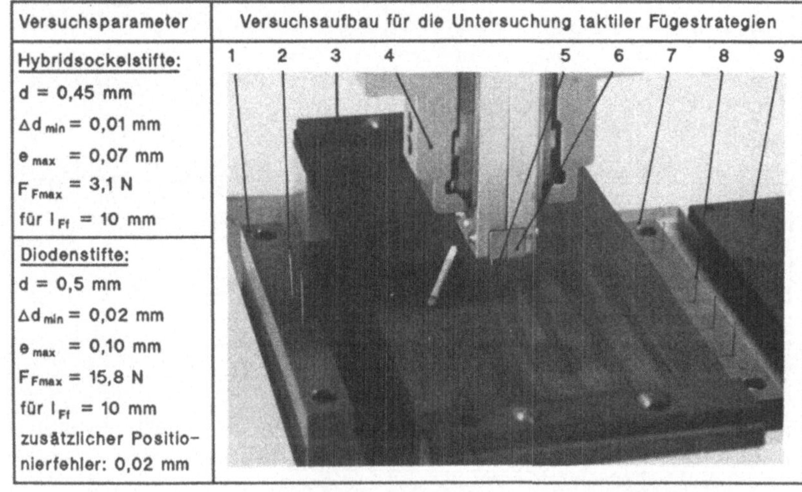

1 Fügeteilbereitstellung	4 Greifer-Sensorsystem	8 Hybridsockelstifte
2 Diodenstift	5 Fügeteil (Diodenstift)	9 Graphitplatte für
3 Graphitplatte für	6 Greiferbacken	Hybridsockelstifte
Dioden (Basisteil)	7 Fügeteilbereitstellung	(Basisteil)

Bild 6.6: Versuchsaufbau

Für die Grob- und Feinpositionierung wird ein Portalroboter IBM-RS1 in Verbindung mit dem beschriebenen Greifer-Sensorsystem verwendet. Die Wiederholgenauigkeit des Geräts von ± 0,013 mm erlaubt die Vorgabe von Positionierfehlern innerhalb der mit dem Verfahren maximal ausgleichbaren Exzentrizität bei Fügespielen von 0,01 mm. Die kleinstmöglichen inkrementalen Verfahrbewegungen des Geräts betragen in x- und y-Richtung jeweils 0,008 mm. Bei auftretenden Sensorschaltkräften von > 0,2 N werden die für die Richtungskorrektur erforderlichen Kenngrößen ermittelt und eine Feinpositionierung durchgeführt.

6.4.2 Versuchsergebnisse

In jeweils 50 Fügeversuchen wurden für Diodenstifte und Hybridsockelstifte sowohl ohne als auch mit zusätzlicher Referenzfahrt die Anzahl der anzufahrenden Fügepositionen und zugehörigen Suchzeiten bestimmt. Nach maximal 12 Anfahrstellungen wurde der Suchvorgang abgebrochen. Der Anteil der erfolgreichen Fügeversuche in den einzelnen Anfahrstellungen ist in <u>Bild 6.7</u> zusammengefaßt.

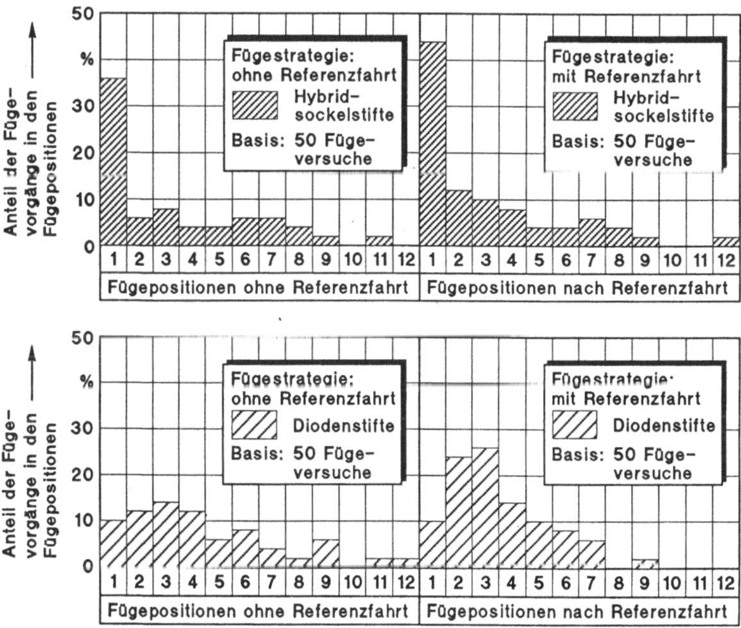

<u>Bild 6.7:</u> Versuchsergebnisse (Basis: jeweils 50 Fügeversuche)

Wenn der Fügevorgang in der programmierten Fügeposition X_0, Y_0 nicht durchgeführt werden kann, wird abhängig von den vorliegenden Kippsignalen die nächste Fügeposition angefahren. Falls in einer Anfahrstellung keine Kippsignale vorliegen, werden nacheinander bis zu 8 um die programmierte Fügeposition X_0, Y_0 angeordnete Suchpositionen angefahren und die Fügestrategie erneut angewandt. Bei den Versuchen mit zusätzlich vorgeschalteter Referenzfahrt erfolgt die Richtungskorrektur in Abhängigkeit von den in der Referenzposition vorliegenden Kippsignalen.

Die mit den taktilen Fügestrategien erreichbare Verfügbarkeit konnte durch die aus der Referenzfahrt resultierenden Richtungskorrekturen für Hybridsockelstifte von 80 % auf 96 % und für Diodenstifte von 78 % auf 98 % gesteigert werden. Dabei lagen bei allen Fügeteilen Kippsignale in der Referenzposition vor.

Der Nachteil des Verfahrens besteht in den langen erforderlichen Suchzeiten, die dadurch entstehen, daß bei jedem Fügevorgang eine zusätzliche Referenzposition und durchschnittlich 4 Fügepositionen angefahren werden müssen. In den durchgeführten Versuchen betrugen die durchschnittlichen Suchzeiten bei Hybridsockelstiften 10,9 s und bei Diodenstiften 11,4 s.

7.1   Teilfunktionen und Teilsysteme

Entwickelt wird ein Fügesystem, mit dem der Toleranzausgleich zur Erprobung und zum Vergleich der entwickelten Verfahren wahlweise gesteuert oder geregelt durchgeführt werden kann. Das Fügesystem besteht aus den Teilsystemen

- Industrieroboter,
- Toleranzausgleichssystem,
- Greifsystem und
- Steuerungssystem.

Zur Realisierung der beiden möglichen Funktionsabläufe (Bild 7.1) muß ein Toleranzausgleichssystem entwickelt werden, das bei geregeltem Betrieb die Teilfunktionen Positionsmessung, Sensordatenverarbeitung und Feinpositionierung, bei gesteuertem Betrieb die Vibrationsbewegungen ausführt. Ziel ist die Entwicklung eines Werkzeugs, dessen Feinpositioniereinrichtung auch für die Schwingungserregung verwendet werden kann.

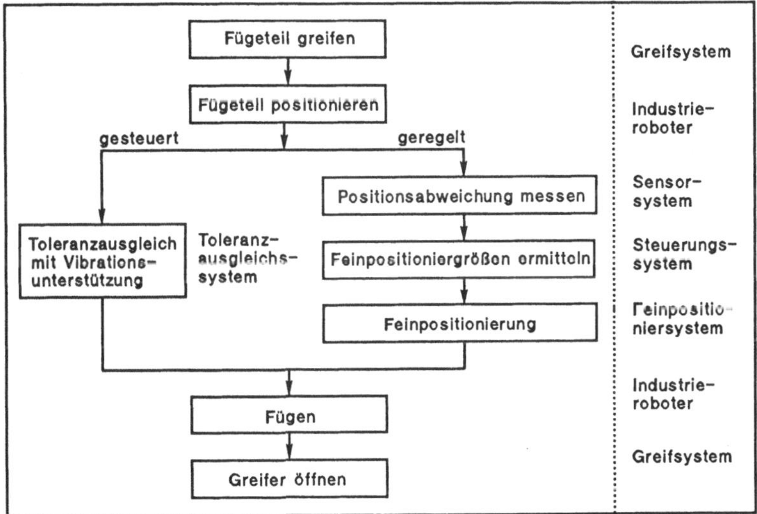

Bild 7.1:   Mögliche Funktionsabläufe eines Fügesystems mit aktivem Toleranzausgleich

7.2 Greifsystem

7.2.1 Greiffunktion

Die Hauptfunktion eines Greifsystems für Kleinstteile besteht darin, Fügeteile wiederholgenau zentrisch zu greifen und dabei eine optimale Umsetzung von Greifkräften in Fügekräfte zu gewährleisten. Diese Anforderungen werden am besten von Dreibackengreifern mit einer um 120° zueinander versetzten Backenanordnung erfüllt, für die die Mittellinien des Werkzeugs und des Werkstücks beim Greifen zur Deckung gelangen.

Konstruktive Lösungsmöglichkeiten werden in __Bild 7.2__ aufgezeigt und einander bewertend gegenübergestellt.

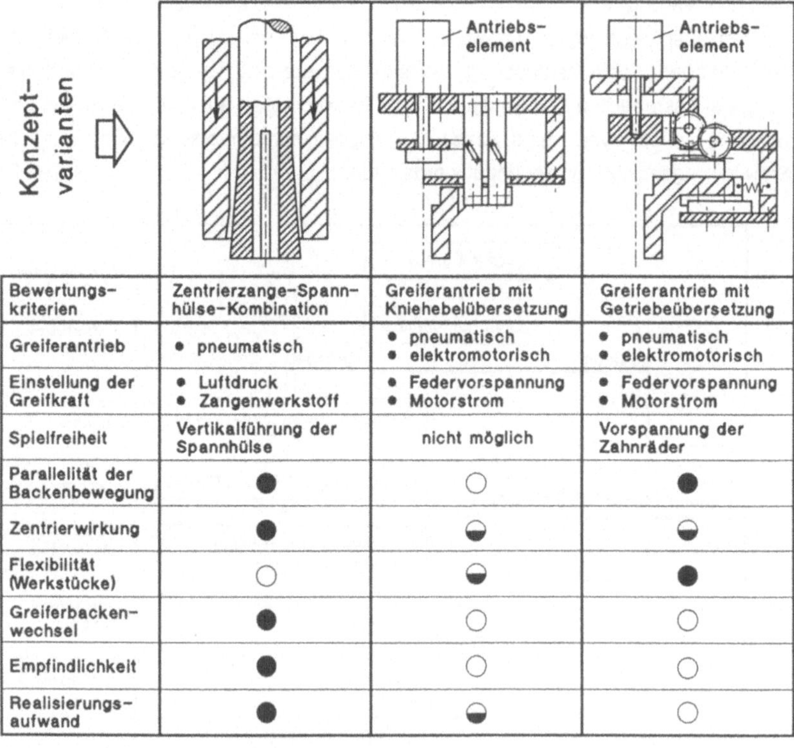

Bewertungs-kriterien	Zentrierzange-Spann-hülse-Kombination	Greiferantrieb mit Kniehebelübersetzung	Greiferantrieb mit Getriebeübersetzung
Greiferantrieb	• pneumatisch	• pneumatisch • elektromotorisch	• pneumatisch • elektromotorisch
Einstellung der Greifkraft	• Luftdruck • Zangenwerkstoff	• Federvorspannung • Motorstrom	• Federvorspannung • Motorstrom
Spielfreiheit	Vertikalführung der Spannhülse	nicht möglich	Vorspannung der Zahnräder
Parallelität der Backenbewegung	●	○	●
Zentrierwirkung	●	◐	◐
Flexibilität (Werkstücke)	○	◐	●
Greiferbacken-wechsel	●	○	○
Empfindlichkeit	●	○	○
Realisierungs-aufwand	●	◐	○

Legende: ● gut   ◐ mittel   ○ schlecht

__Bild 7.2:__ Konzeptvarianten für Zentrischgreifer

Die beste Zentrierwirkung bei nur geringem Realisierungsaufwand wird durch eine Zentrierzangen-Spannhülsen-Kombination erreicht, bei der das Fügeteil in der Spannzange geklemmt wird, wenn die Spannhülse nach unten verfährt. Ein Nachteil des Konzepts besteht darin, daß nur Werkstücke mit geringem Durchmesserunterschied mit derselben Zentrierzange gegriffen werden können. Durch einen automatischen Zangenwechsel kann dieser Nachteil aufgehoben werden.

7.2.2 Konstruktive Gestaltung

Das realisierte prototypische Greifsystem besteht aus folgenden Komponenten (Bild 7.3):

- Greifeinheit als Zentrierzangen-Spannhülsen-Kombination,
- Einrichtung für automatisierten Spannzangenwechsel,
- mitgeführtes Vertikalmagazin mit integrierter Fügeteilzuführung,
- Einrichtung für automatisierten Magazinwechsel.

Alle Funktionen des Greifsystems werden pneumatisch betätigt. Die Spannzangen besitzen eine zentrische Bohrung zur Aufnahme des Fügeteils und 3 Schlitze in Längsrichtung, die ein Schließen der Spannzangen bei Betätigung der Spannhülse bewirken. Der Bohrungsdurchmesser bestimmt den maximal möglichen Fügeteildurchmesser, die Schlitzbreite den Greiferöffnungs- und Greiferschließweg.

Die Spannzangen können in einer Spannzangenablage automatisch gewechselt und im Greifsystem zentrisch gehalten und verriegelt werden. Abhängig von der Gestaltung der Spannzangen können Werkstücke kraft- oder formschlüssig gegriffen werden, um eine schonende Werkstückbehandlung zu gewährleisten.

Durch die Spannzangenbohrung und den darüberliegenden Schaft gelangen Fügeteile während der Verfahrbewegung des Industrieroboters simultan aus dem mitgeführten Magazin in die Greifeinheit. Dabei wird jeweils das vordere Fügeteil durch einen pneumatischen, vertikalen Schieber dem Vertikalmagazin entnommen. Aus einer Ablage können die Magazine automatisch vom Greifsystem eingewechselt und arretiert werden.

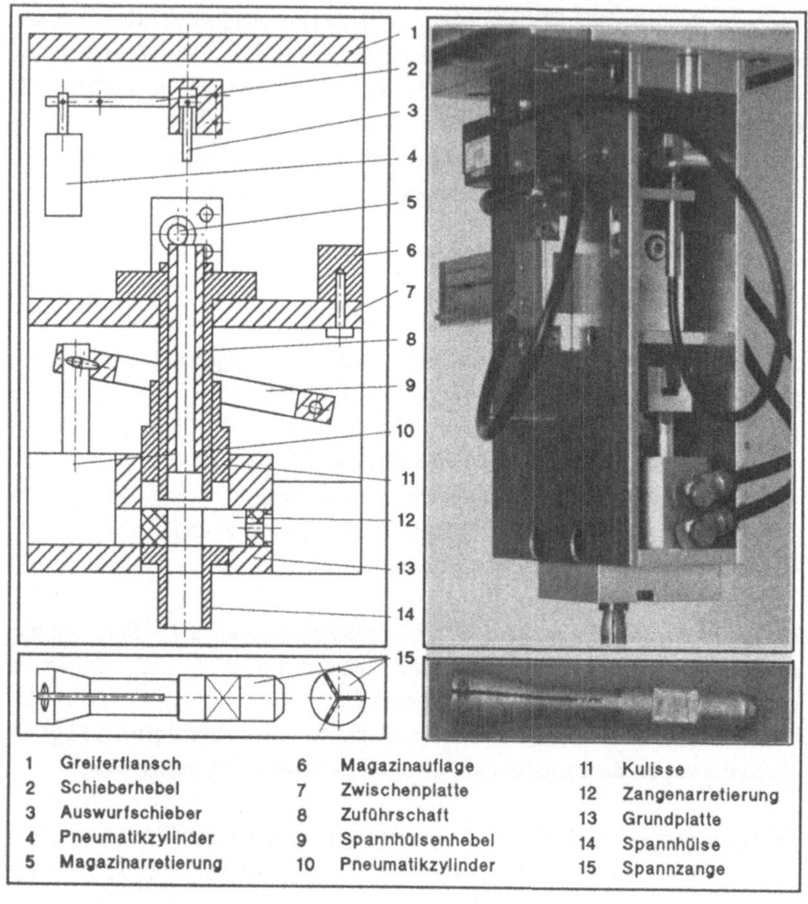

1	Greiferflansch	6	Magazinauflage	11	Kulisse
2	Schieberhebel	7	Zwischenplatte	12	Zangenarretierung
3	Auswurfschieber	8	Zuführschaft	13	Grundplatte
4	Pneumatikzylinder	9	Spannhülsenhebel	14	Spannhülse
5	Magazinarretierung	10	Pneumatikzylinder	15	Spannzange

Bild 7.3: Prototyp eines Greifsystems für zylindrische Kleinstteile

7.3   Toleranzausgleichssystem

7.3.1   Sensorik

Die an die Meßgenauigkeit der berührungslos messenden Sensoren gestellten Anforderungen werden nur von Bildverarbeitungssystemen mit vorgeschalteter Optik und von Fotosensoren erfüllt. Eine gemeinsame Messung der Positionen von Fügeteil und Basisteilbohrung läßt aufgrund des erweiterten Meßbereichs nur unzureichende Auflösungen zu. Daher müssen entweder 2 Sensoren verwendet und zueinander justiert werden oder es muß auf die Erfassung einer Werkstück-toleranz verzichtet werden. Bei Verwendung eines Bildverarbeitungssystems zur Erfassung der Basisteiltoleranzen und der Toleranzen des Montagesystems müssen am Greifsystem eine Kamera und optische Einrichtungen wie Spiegel und Linsensysteme angebracht und mitgeführt werden. Die große Bauweise und das zusätzliche Handhabungsgewicht schränken den Werkzeugeinsatz bei beengten Zugänglichkeiten des Fügeorts und die Genauigkeit der Feinpositionierung ein und reduzieren die im Vibrationsbetrieb erreichbaren Amplituden der Schwingungsbewegungen. Fotosensoren besitzen den Vorteil einer hohen Meßgenauigkeit bei kleiner und leichter Bauweise, erfordern aber eine geeignete Lichtquelle unter dem Basisteil, die die Basisteilbohrungen durchleuchtet. Bild 7.4 zeigt Lösungsmöglichkeiten für die Integration von Fotosensoren in das Fügesystem.

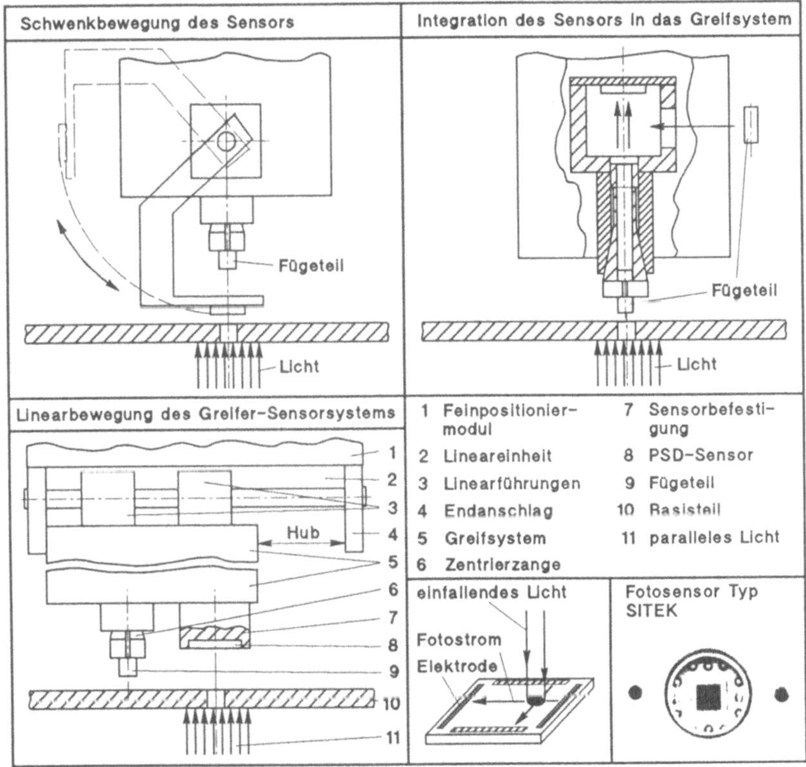

Bild 7.4:   Konzeptvarianten für das Sensorsystem

Der durch die Basisteilbohrung geführte Lichtstrahl erzeugt im Auftreffpunkt auf dem PSD-Sensor einen lageabhängigen Fotostrom, aus dem auf die Position des Auftreffpunktes mit einer Genauigkeit von ± 0,001 mm geschlossen werden kann /91/.

Ein in die Greifeinheit integrierter Sensor erfordert zwar keine zusätzliche Bewegung des Greifers oder des Sensors zwischen dem Zeitpunkt der Positionsmessung und dem Fügevorgang, die Auswertbarkeit des auf dem Fotosensor auftreffenden Lichtes ist jedoch nicht sichergestellt. Gegen eine Schwenkbewegung des Sensors sprechen die Empfindlichkeit der Anordnung und der größere erforderliche vertikale Abstand von Fügeteil und Basisteilbohrung bei der Messung. Der längere z-Hub der Fügebewegung kann zusätzliche Positionsabweichungen verursachen.

Die Sensoranordnung unmittelbar neben der Greifeinheit läßt in Verbindung mit einer Lineareinheit mit wiederholgenauen Endlagen zum Ausgleich des Versatzes von Sensormittelpunkt und Greiferachse eine Messung ohne zusätzliche Störeinflüsse erwarten. Die Erfassung von Fügeteiltoleranzen und Fehlern durch die Greifer- bzw. Sensorbewegung ist nur durch eine zusätzliche Messung der Fügeteilposition möglich und kann - falls erforderlich - nachträglich in das Fügesystem integriert werden.

7.3.2 Feinpositionierung

Die Gestaltung der Feinpositioniereinrichtung wird entscheidend von der geforderten Positioniergenauigkeit und der Möglichkeit beeinflußt, mit derselben Einheit Vibrationsbewegungen zu erzeugen. Hierfür kommen Piezotranslatoren in Stapelbauweise in Betracht, die beim Anlegen von Gleichstrom Längenänderungen proportional zur angelegten Spannung erfahren. Bei Wechselstrom erfolgen die positiven und negativen Längenänderungen mit der Frequenz der angelegten Spannung. Für die prototypische Realisierung des Feinpositioniermoduls wird das zuvor untersuchte Vibrationswerkzeug mit 2 orthogonal angeordneten Piezotranslatoren verwendet, die einen Stellbereich von ± 0,04 mm in x- und y-Richtung besitzen und Feinpositionierungen mit einer Auflösung von ± 0,5 μm ermöglichen. Feinpositionierbewegungen, die außerhalb des Stellbereichs der Piezotranslatoren liegen, werden vom Industrieroboter mit einer erforderlichen Wiederholgenauigkeit von ± 0,04 mm durchgeführt.

7.3.3   Integration der Komponenten in ein Fügesystem

Das entwickelte Fügesystem besteht aus den Komponenten

- Montageroboter Bosch SR 600,
- Greiferwechselsystem,
- Feinpositioniermodul mit Piezotranslatoren,
- Lineareinheit für die Verschiebebewegung,
- Zentrischgreifer mit wechselbaren Zentrierzangen und Fügeteilmagazinen,
- Fotosensor für die Positionsmessung.

Die Lineareinheit besteht aus einem elektromotorischen Antrieb, der verbunden mit einem Spindel-Mutter-Getriebe schnelle Verfahrbewegungen eines Schlittens in seine Endlagen bewirkt. Entscheidend für den Erfolg der Feinpositionierung ist die Wiederholgenauigkeit der Schlittenposition in den Endlagen. Die Lineareinheit wird zwischen Feinpositioniermodul und Greifsystem angeordnet.

Bei der Inbetriebnahme des Feinpositioniersystems müssen die Sollposition des Sensors bzw. die zugehörigen Spannungswerte U_{X0}, U_{Y0} bestimmt und justiert werden. Hierzu werden Greifeinheit und Fügeteil manuell in Fügestellung positioniert, die Lineareinheit in die Stellung zur Messung der Positionsabweichung verfahren und der am Fotosensor gemessene Wert abgespeichert. Durch mehrfaches Anfahren der Position und Mittelung der gemessenen Werte kann der Sensorsollwert U_{X0}, U_{Y0} ermittelt werden. Diese elektronische Justage des Sensorsollwerts ersetzt eine aufwendige manuelle Justagevorrichtung mit Einstellschrauben und genügt den gestellten Genauigkeitsanforderungen.

7.4   Steuerungssystem

Die Steuerung des Fügesystems übernimmt die Industrierobotersteuerung Bosch Rho 2 in Verbindung mit einem IBM-AT kompatiblen Personalcomputer. Im PC ist das Programm für die Feinpositionierung abgelegt, das Sensordaten übernimmt und auswertet, die Feinpositionierwege ermittelt und die resultierenden Feinpositionierspannungen an den Leistungsverstärker der Steuerung für die Piezotranslatoren übergibt. Das Feinpositionierprogramm greift dabei auf eine Datei zu, in der Montageparameter wie Sensormittelpunktsspannung U_{X0}, U_{Y0} und Verzögerungszeit t_V für Wiederholungsmessungen abgelegt sind. Die Steuerungskonfiguration kann dem Signalflußplan des Fügesystems entnommen werden (Bild 7.5).

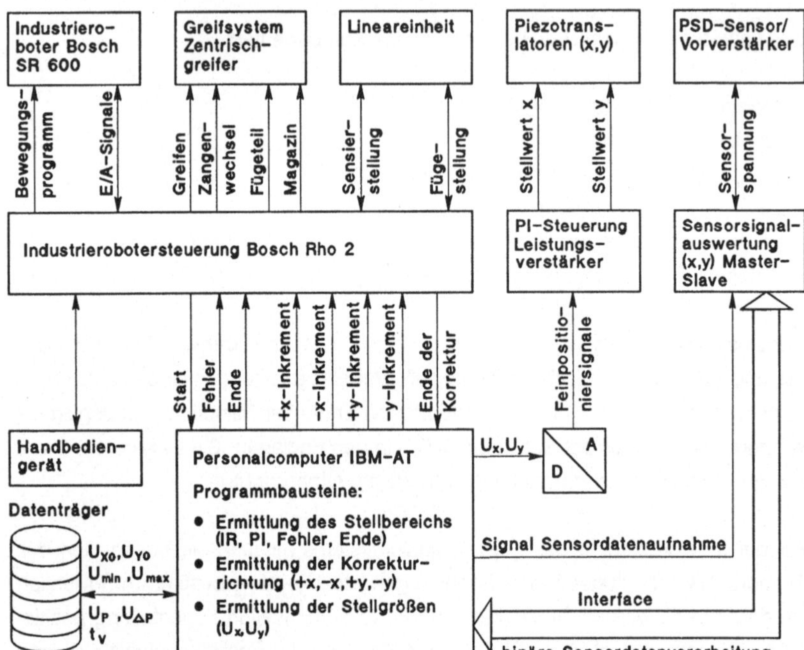

<u>Bild 7.5:</u>   Signalflußplan des Fügesystems

In <u>Bild 7.6</u> ist das Flußdiagramm für Fügevorgänge mit geregeltem Toleranzausgleich dargestellt. Dabei werden die einzelnen Teilfunktionen den jeweiligen Steuerungseinheiten zugeordnet.

Zwischen jeder Längenänderung der Piezotranslatoren und Sensordatenaufnahme muß eine Verzögerungszeit t_v abgewartet werden, in der die Driftbewegung der Piezotranslatoren erfolgt, die deren Wiederholgenauigkeit auf ± 0,5 μm begrenzt. Dadurch kann die Driftbewegung der Stellglieder bei der nächsten Positionsmessung erfaßt und durch die nachfolgende, erneute Feinpositionierung kompensiert werden.

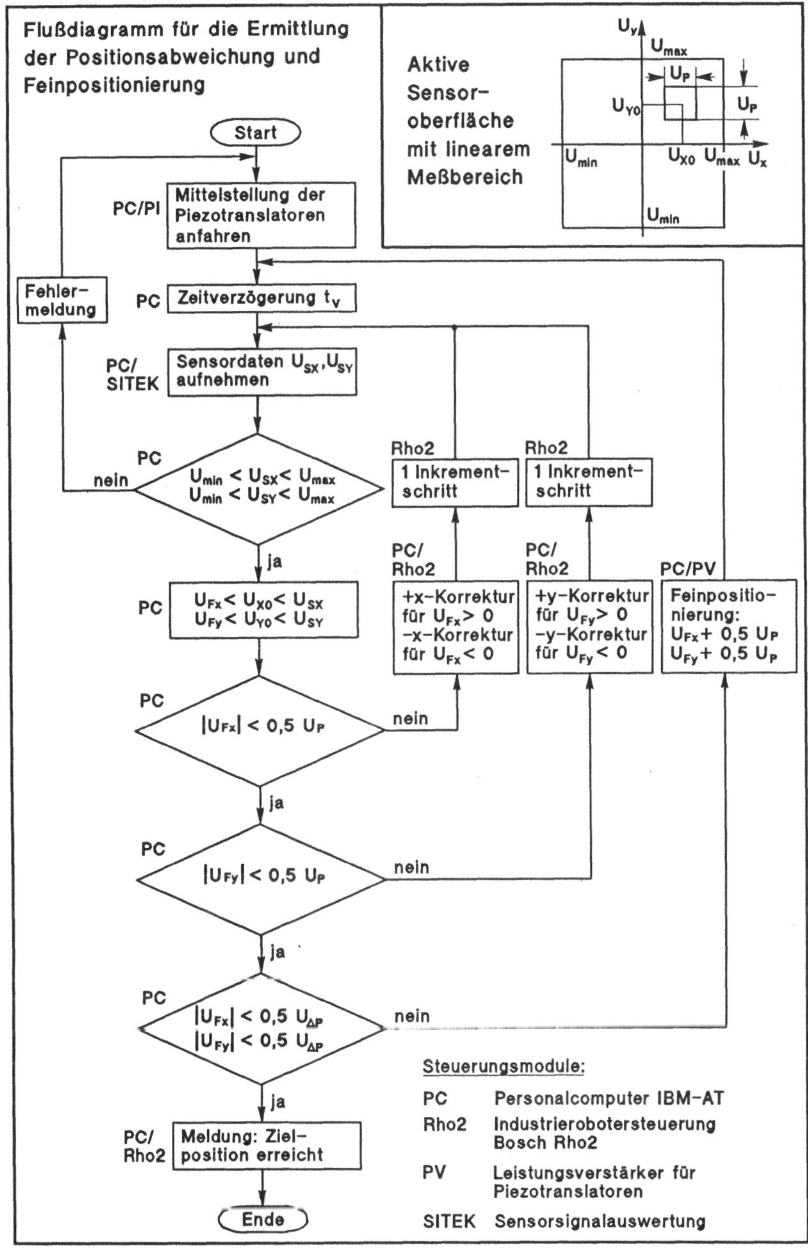

Bild 7.6: Flußdiagramm für die Feinpositionierung

8 Erprobung der Teilsysteme im Gesamtsystem

8.1 Festlegung des Produktspektrums und der Montageabläufe

Die entwickelten Verfahren und Werkzeuge wurden in einer flexibel automatisierten Montagezelle unter praxisnahen Bedingungen getestet. Aus dem breiten Spektrum feinwerktechnischer Produkte wurde ein charakteristisches Beispielprodukt ausgewählt, das typische Problemstellungen der Feinwerktechnik beinhaltet und die Erprobung der entwickelten Teilsysteme erlaubt (Bild 8.1).

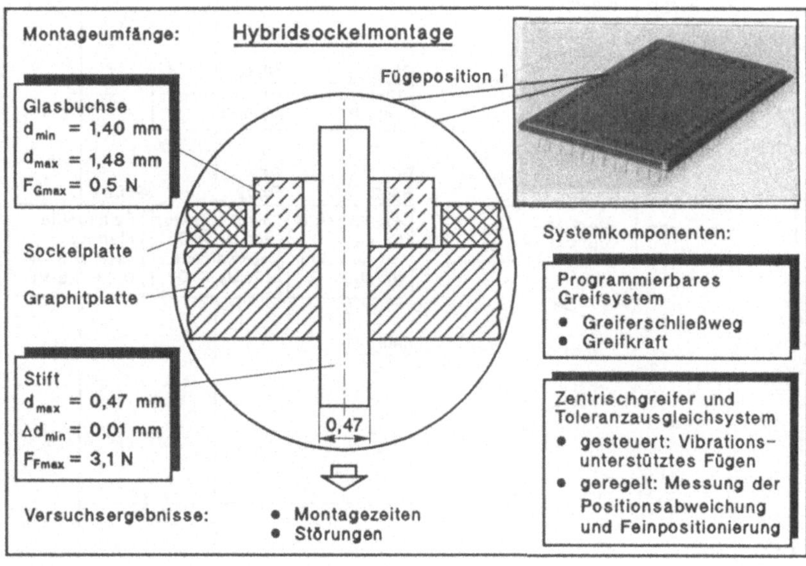

Bild 8.1: Montageumfänge und Versuchsträger

Bei der Montage von Hybridsockeln müssen empfindliche, stark toleranzbehaftete Kleinstteile gegriffen und bei Fügespielen von bis zu 0,01 mm ohne Fasen montiert werden. Neben der praktischen Erprobung der realisierten Greifsysteme konnten die entwickelten gesteuerten und geregelten Verfahren für den Toleranzausgleich miteinander verglichen und noch bestehende Schwachstellen aufgezeigt werden. Mit den Untersuchungen konnten, Aussagen über Montagezeiten, Verfügbarkeiten, Störungshäufigkeiten und Störungsursachen gewonnen und Anwendungsbereiche der entwickelten Werkzeuge und Verfahren bestimmt werden.

8.2 Aufbau der Montageversuchszelle

8.2.1 Gesamtaufbau

Das Gesamtsystem besteht aus einem Baukasten modularer Teilsysteme, die zu einer flexibel automatisierten Montagezelle konfiguriert wurden (Bild 8.2).

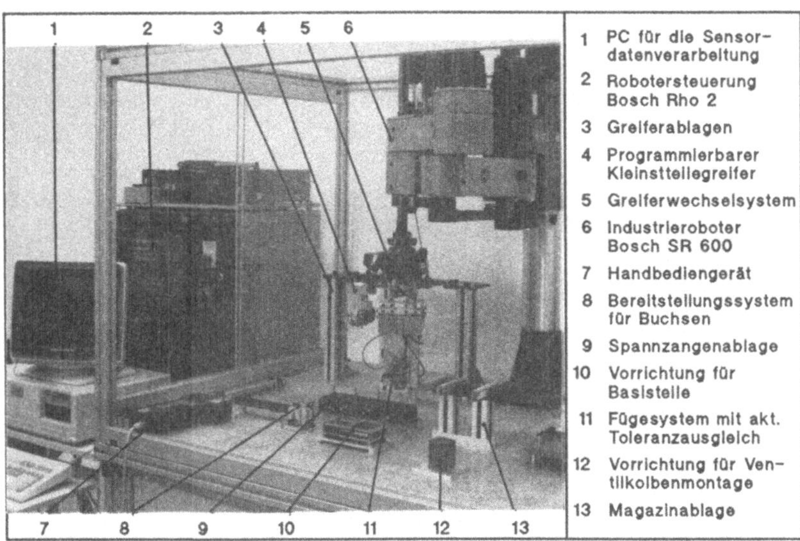

Bild 8.2: Aufbau der Versuchsanlage

Die Wiederholgenauigkeit des integrierten SCARA-Roboters Bosch SR 600 wurde experimentell ermittelt und beträgt im relevanten Arbeitsbereich ± 0,02 mm. Auf einem Arbeitstisch sind im Greifraum des Industrieroboters Ablagen für Greifwerkzeuge, Teilebereitstellung und Montagevorrichtungen installiert.

8.2.2 Teilsysteme

8.2.2.1 Teilebereitstellung

Die Bereitstellung der empfindlichen Glasbuchsen erfolgt aus einem Schachtmagazin mit automatischer Werkstückvereinzelung und -zuführung. Die dünnen, zylindrischen Stifte werden in Magazinen gespeichert, die vom Greifsystem mitgeführt und automatisch gewechselt werden können. Die Zuführung der Werkstücke in den Greifer geschieht während der Verfahrbewegung des Industrieroboters zur nächsten Fügeposition. Die Bereitstellung der Basisteile und das Einlegen in die Montagevorrichtung ist nicht Bestandteil der Untersuchungen und wird manuell durchgeführt.

8.2.2.2   Fügesystem mit aktivem Toleranzausgleich

Das entwickelte Fügesystem mit aktivem Toleranzausgleich kann wahlweise gesteuert oder geregelt betrieben werden (Bild 8.3).

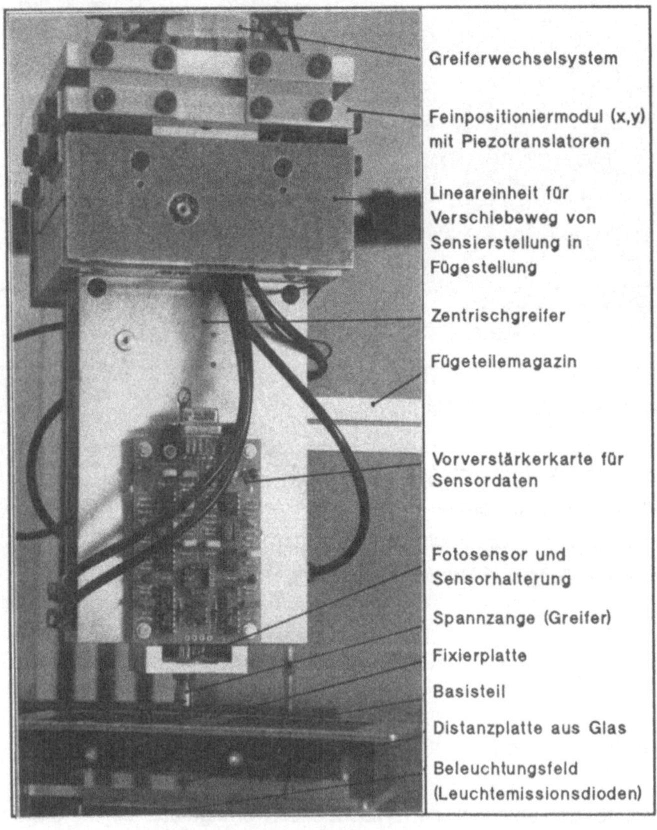

Bild 8.3:   Versuchsanordnung für den aktiven Toleranzausgleich

Hauptbestandteil der experimentellen Untersuchungen bildet ein Vergleich der beiden möglichen Verfahren mit Vibrationsunterstützung oder mit optoelektronischer Messung der Positionsabweichungen und anschließender Feinpositionierung. Die Beleuchtung der Basisteilbohrungen bildet eine Fläche von Leuchtemissionsdioden, die unter einer Distanzscheibe aus Glas in die Montagevorrichtung integriert wurden. Die Beleuchtungsimpulse während der Sensierphase werden durch ein Ausgangssignal der Zellensteuerung veranlaßt.

8.2.2.3   Programmierbarer Kleinstteilegreifer

Für das Greifen kleinster, empfindlicher und zerbrechlicher Werkstücke unterschiedlicher Abmessungen wurde ein Greifsystem entwickelt, das eine feinfühlige Programmierung von Greifweg und Greifkraft erlaubt (Bild 8.4).

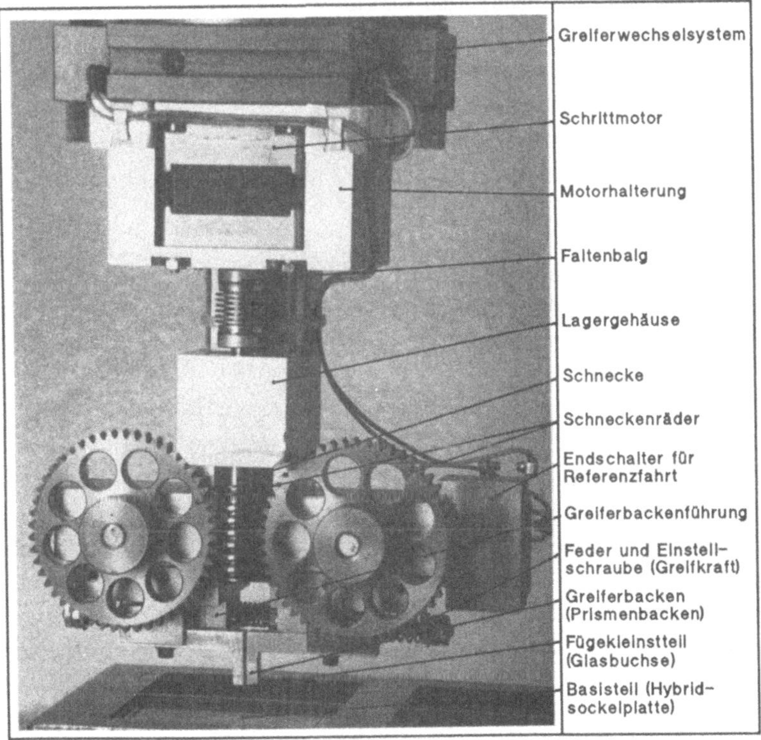

Bild 8.4:   Programmierbarer Greifer für empfindliche Kleinstteile

Der kleinstmögliche programmierbare Greifweg beträgt 0,76 μm. Um auch toleranzbehaftete Fügeteile beschädigungsfrei greifen zu können, wurden die prismatischen Backen des Zweibackengreifers in Greifrichtung nachgiebig gelagert. Theoretisch kann damit eine vom Greifweg abhängige Greifkraft mit einer Auflösung von 0,001 N programmiert werden. Werkstücktoleranzen und die Reibung in den Backenführungen erhöhen die mit dem Werkzeug erreichbaren kleinstmöglichen Greifkräfte. Im Versuch konnten Glasbuchsen mit einem Durchmesser von 1,40 mm und einem maximalen Übermaß von 0,08 mm ohne Beschädigungen gegriffen und montiert werden, die bereits bei einer gemessenen Radialbelastung von 0,5 N zerbrechen.

8.3 Versuchsergebnisse

Die durchgeführten Versuche sollten Anhaltswerte über

- erreichbare Montagezeiten mit den entwickelten Verfahren und Werkzeugen,
- Taktzeiten unterschiedlicher Funktionen,
- Störungshäufigkeiten von Teilsystemen,
- Störzeiten und
- Störungsursachen

liefern und als Eingangswerte für die Planung flexibler Montagesysteme für feinwerktechnische Produkte dienen. Einer Fehlerbetrachtung können Hinweise für konstruktive Änderungen und Einsatzbedingungen der entwickelten Werkzeuge entnommen werden.

8.3.1 Montagezeiten

In Dauerversuchen wurden für das Beispielprodukt Hybridsockel Montagezeiten bei unterschiedlichen Funktionsabläufen und Toleranzausgleichsmethoden bestimmt (Bild 8.5). Die unterschiedlichen Funktionsabläufe bei gesteuerten und geregelten Verfahren resultieren daraus, daß ein Fügen der Stifte mit Vibrationsunterstützung im Anschluß an die Montage von Glasbuchsen zu Werkstückbeschädigungen führen kann. Mögliche Fehler bei einer Montage der Glasbuchsen nach den Stiften können bei geregeltem Verfahren durch die geänderte Montagereihenfolge vermieden werden.

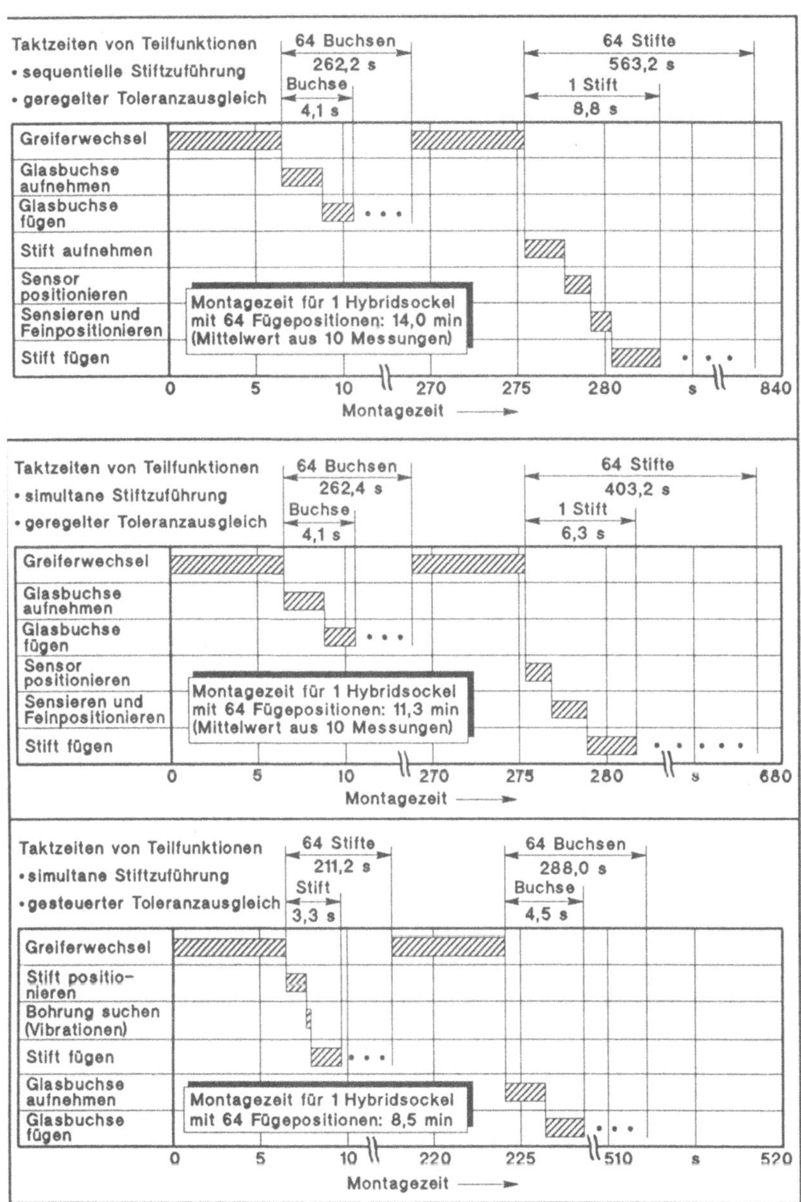

Bild 8.5: Untersuchung der Montagezeiten (Mittelwerte aus je 10 Messungen)

Die durchgeführte Taktzeitanalyse zeigt wesentliche Unterschiede der Montagezeiten und Taktzeitanteile der einzelnen Verfahren. Bei sequentieller Bereitstellung der Stifte wird die Montagezeit durch zusätzliche Verfahrbewegungen des Industrieroboters zu der Bereitstellungsposition um durchschnittlich 2,4 min je Hybridsockel erhöht. Durch eine simultane Fügeteilbereitstellung aus mitgeführten Magazinen können 19,3 % der Gesamtmontagezeit eingespart werden.

Das gewählte Verfahren für den Toleranzausgleich beeinflußt die Montagezeit ebenfalls erheblich. Einer Zeitdauer für die Sensordatenerfassung und Feinpositionierung von durchschnittlich 2,2 s je Fügevorgang mit geregeltem Toleranzausgleich steht eine Suchzeit von nur 0,3 s je Stift bei vibrationsunterstütztem Fügen der Stifte gegenüber. Der zeitliche Anteil des Toleranzausgleichs an der gesamten Montagezeit eines Hybridsockels beträgt bei geregeltem Suchvorgang 24,5 % gegenüber nur 3,8 % bei vibrationsunterstütztem Suchvorgang.

8.3.2 Fehlerbetrachtung

Um die Verfügbarkeit der entwickelten Teilsysteme zu bestimmen und zu verbessern, wurden im Dauerbetrieb für jeweils 50 Hybridsockel die bei gesteuertem und geregeltem Toleranzausgleich auftretenden Störungen zahlenmäßig und zeitlich erfaßt und ihre Ursachen untersucht (Bild 8.6). Dabei traten Fehler hauptsächlich bei der simultanen Stiftzuführung aus mitgeführten Magazinen, Sensordatenerfassung und Feinpositionierung beim geregelten Toleranzausgleich auf. Ein Großteil der Fehler ist auf die fertigungstechnische Ausführung der prototypischen Werkzeuge zurückzuführen, die für einen industriellen Einsatz mit höherer Präzision hergestellt werden müssen. Bei der Positionsmessung durch auf einen Fotosensor auftreffendes Licht wurden folgende Störungen festgestellt:

- Meßpunkt außerhalb linearem Sensorbereich,
- kein auswertbarer Lichtfleck,
- fehlerhafte Sensordatenverarbeitung.

Höhere Verfügbarkeiten bei Verfahren mit optoelektronischer Positionsmessung können nur erreicht werden, wenn es gelingt, störende Umgebungseinflüsse wie beispielsweise Streulicht auszuschalten und Sensoren mit größerem linearem Meßbereich zu entwickeln.

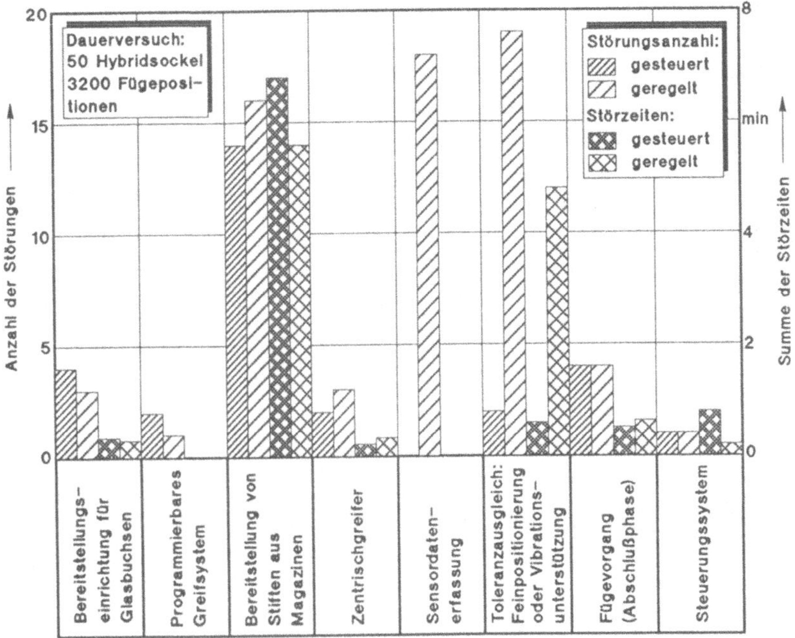

Bild 8.6: Störungsanzahl und Störzeiten der Teilfunktionen

Fehler durch Werkstücktoleranzen konnten mit den getesteten Teilsystemen nicht vollständig ausgeschlossen werden und bildeten mit 39,4 % aller Störungen den größten Fehleranteil. Unzulässige Durchmessertoleranzen mit Übermaßen von über 0,1 mm verursachten Beschädigungen von Glasbuchsen beim Greifen. Formabweichungen der Werkstücke bzw. verbogene Stifte führten dazu, daß diese nicht automatisch in die Zentrierzange gelangten oder beim Fügen in der Basisteil- bohrung verkanteten. Eine höhere Verfügbarkeit kann hier nur durch vorheriges Aussondern von Werkstücken mit unzulässigen Toleranzen erreicht werden.

Mit dem untersuchten geregelten Verfahren für den Toleranzausgleich können einige Fehler nicht erfaßt werden oder entstehen erst bei der Feinpositionierung:

- Fehler bei der Sensorjustage,
- Meßgenauigkeit des verwendeten Sensors,
- Driften und Hysterese der Piezotranslatoren im jeweils letzten Feinpositionier- schritt,
- Positionierfehler durch Lineareinheit,

- Drehlage des Fügesystems und
- Winkelfehler der Fügeachse bei der Fügebewegung.

Weitere Grenzen des Verfahrens werden durch geringfügige, nicht kompensierbare Umwelteinflüsse vorgegeben:

- Temperaturänderungen,
- Luftstöße,
- Luftfeuchtigkeit und
- Erschütterungen.

8.4   Folgerungen aus den Versuchen

Die Versuche bestätigten die Einsetzbarkeit der entwickelten Verfahren und Werkzeuge bei feinwerktechnischen Montageaufgaben. Eine Vielzahl der in den Versuchen aufgetretenen Fehler wurde durch den prototypischen Charakter der Versuchswerkzeuge verursacht. Ein industrieller Einsatz erfordert größere Fertigungsgenauigkeiten bei der Herstellung der Werkzeuge. Die für die Feinwerktechnik typischen, unverhältnismäßig großen Werkstücktoleranzen gegenüber extrem kleinen Fügespielen verursachen Fehler bei der Messung von Positionsabweichungen, beim Greifen und beim Fügen. Diese Toleranzen müssen für einen erfolgreichen Einsatz der Verfahren durch geeignete Maßnahmen reduziert oder sensorisch erfaßt und kompensiert werden.

Die Analyse der Montagezeiten weist für den geregelten Toleranzausgleich unvertretbar lange Zeiten für die Positionsmessung und Feinpositionierung auf. Daher sollten geregelte Verfahren nur dann eingesetzt werden, wenn ein Toleranzausgleich auf andere Weise - beispielsweise wegen zu großer Empfindlichkeit der Werkstücke - ausscheidet.

9   <u>Zusammenfassung</u>

Die Montage feinwerktechnischer Produkte in kleinen und mittleren Serien erfolgt bisher weitgehend manuell. Mit Ausnahme der Leiterplattenbestückung befinden sich nur sehr wenige flexibel automatisierte Montagesysteme im industriellen Einsatz. Bisher fehlen Erkenntnisse über Automatisierungstechniken, um das bestehende Rationalisierungspotential nutzen zu können. In der vorliegenden Arbeit werden die wesentlichen montagetechnischen Automatisierungsprobleme bei der Montage feinwerktechnischer Produkte aufgezeigt. Darauf aufbauend werden Lösungsprinzipien und Verfahren für den Toleranzausgleich für das Bolzen-Loch-Problem entwickelt.

In einer Analyse der Montageaufgabe und Arbeitsplatzanalysen bei ausgewählten Firmen aus 6 Branchen der feinwerktechnischen Industrie wurden Querschnittsprobleme in der Montage ermittelt. Als wichtigstes organisatorisches Automatisierungshemmnis wurde die hohe Typen- und Variantenvielfalt bei zumeist kleinen Losgrößen, als wesentliche technische Automatisierungshemmnisse sehr kleine Fügespiele fasenloser Werkstücke, Kleinheit und Empfindlichkeit von Fügeteilen und sehr große Werkstücktoleranzen im Verhältnis zur Teilegröße erkannt. Hieraus resultierten Anforderungen an Montagesysteme und deren Teilsysteme. Einen notwendigen Entwicklungsschwerpunkt bilden neue Verfahren für den Toleranzausgleich, die den Genauigkeitsanforderungen feinwerktechnischer Montageaufgaben gerecht werden.

Mögliche Systemkonzepte setzen sich aus problemspezifischen und von der Montageaufgabe unabhängigen Systemkomponenten zusammen. Für das Teilsystem Toleranzausgleich wurden alternative Lösungsprinzipien ermittelt und bewertet. Die Konzepte wurden in geregelte, gesteuerte und ungesteuerte Toleranzausgleichssysteme unterteilt. Mögliche Einsatzbereiche wurden aufgezeigt und voneinander abgegrenzt. Die Konzeption problemangepaßter Gesamtsysteme erfolgt durch eine baukastenartige Integration modularer Teilsysteme, für die ein Lösungskatalog aufgestellt wurde.

Auf der Grundlage der aufgestellten Konzepte wurden ausgewählte Verfahren für den gesteuerten und für den geregelten Toleranzausgleich untersucht und anhand von Funktionsmustern deren Funktionsparameter und Einsatzgrenzen ermittelt.

Der Toleranzausgleich kann durch einen Luftstrom erfolgen, der ein Fügeteil in einem schwimmend gelagerten Greifer relativ zur Basisteilbohrung positioniert. Für die experimentelle Untersuchung dieser pneumatischen Zentriermethode wurde ein Funktionsmuster erstellt, an dem unterschiedliche Strömungszustände eingestellt werden können. Im Versuch konnten vorgegebene Positionsabweichungen von bis zu 3,2 mm bei Fügespielen von 0,1 mm ausgeglichen werden.

Bei der untersuchten vibrationsunterstützten Fügemethode führt das Fügeteil durch das Roboterwerkzeug erregte Schwingungen in der Fügequerschnittsebene aus, bis der Suchvorgang abgeschlossen ist. Durch eine geeignete Kombination orthogonaler Linearschwingungen entstehen Suchbewegungen, die das Toleranzkompensationsfeld rasterförmig überstreichen. Der Rasterabstand und damit die erreichbare Auflösung wird durch das Frequenzverhältnis, die Größe des Suchfeldes durch die Amplituden der Schwingungen bestimmt. Es wurden Funktionsmuster mit verschiedenen Antriebsprinzipien realisiert und deren Eignung bei Fügespielen von bis zu 1 μm für unterschiedliche Einsatzbereiche nachgewiesen.

Mit einem taktilen Greifer-Sensorsystem wurden bei exzentrisch aufsitzenden oder verkanteten Fügeteilen auftretende Kräfte und Momente erfaßt und die ermittelten Signale zur Bestimmung der Richtung der Positionsabweichung verwendet. Durch ungleichmäßige Stirnflächen der Fügeteile verursachte Signalfehler wurden durch eine zusätzliche Referenzfahrt schaltungstechnisch kompensiert. Im Versuch konnten mit den taktilen Fügestrategien Werkstückpaarungen mit einem Fügespiel von 0,01 mm gefügt werden.

Für die experimentelle Untersuchung einer ausgewählten, geregelten Toleranzausgleichsmethode wurde ein prototypisches Fügesystem entwickelt und realisiert, das eine berührungslose Messung der Positionsabweichung durch einen Fotosensor erlaubt. Die notwendigen Korrekturbewegungen werden vom Industrieroboter (Grobkorrektur) und von einem Feinpositioniersystem mit Piezotranslatoren durchgeführt. Da die Piezotranslatoren auch schwingend betrieben werden können, ermöglicht das Fügesystem auch einen gesteuerten Toleranzausgleich und damit einen direkten Vergleich der beiden aktiven Toleranzausgleichsmethoden.

Abschließend erfolgte die Erprobung der entwickelten Verfahren und Werkzeuge im Versuch. An einem ausgewählten Praxisbeispiel wurden in einer Versuchszelle mit Industrieroboter im Dauerbetrieb Montagezeiten, Störungsursachen und Störzeiten für unterschiedliche Fügeverfahren untersucht. Dabei konnten Einflußgrößen und Parameter ermittelt werden, die eine Verbesserung der Verfahren und Optimierung der Werkzeuge ermöglichen. Hierdurch wird eine mittelfristige Umsetzung in die industrielle Produktion vorbereitet.

Insgesamt erfüllen die entwickelten Verfahren und Werkzeuge die an die Montage feinwerktechnischer Produkte gestellten Anforderungen. Vibrationsunterstützte Fügeverfahren können direkt in der industriellen Produktion eingesetzt werden und ermöglichen die Automatisierung von Montagevorgängen mit höchsten Präzisionsanforderungen. Geregelte Verfahren für den Toleranzausgleich benötigen für den Praxiseinsatz noch zu lange Zykluszeiten. Durch die Entwicklung hochauflösender Sensoren für die Messung von Positionsabweichungen und eine schnellere Meßwerterfassung und -auswertung ist zukünftig auch mit dem Einsatz von Industrierobotern bei der Montage empfindlicher Werkstücke mit kleinen Fügespielen zu rechnen.

10   <u>Schrifttum</u>

/1/   Abele, E., u.a.:   Studie zur Untersuchung der Einsatzmöglichkeiten von flexibel automatisierten Montage-
systemen in der industriellen Produktion
(Montagestudie).
Düsseldorf: VDI-Verlag, 1984.

/2/   Herzog, M., u.a.:   Schwerpunkte künftiger Technologie-
entwicklungen.
Ministerium für Wirtschaft, Mittelstand und
Technologie Baden-Württemberg, August 1987.
Stuttgart: Abschlußbericht.

/3/   Schweizer, M.:   Mit neuem Schwung in die 90er - Industrieroboter wieder auf dem Vormarsch.
In: Roboter (1989) 2, S. 14-18.

/4/   Milberg, J.:   Entwicklungstendenzen in der flexibel automatisierten Montage.
In: Flexible Automation (1987) 2, S. 25-26.

/5/   o.V.:   Statistisches Jahrbuch für die Bundesrepublik
Deutschland 1989.
Hrsg.: Statistisches Bundesamt/Wiesbaden.
Stuttgart u.a.: Kohlhammer, 1989.

/6/   Warnecke, H.J.;
Schweizer, M.;
Schweigert, U.:   Entwicklungsschwerpunkte bei der flexiblen
Montageautomatisierung in der Feinwerktechnik
In: wt Werkstattstechnik 80 (1990), S. 441-444.

/7/   Davis, R.K.:   Subminiature and micro assembly using high
accuracy industrial robots.
In: Proceedings of the 6th International Conference on Assembly Automation, May 14-16,
1985, Birmingham, S. 77-86.

/8/ Makino, H.;
     Yamafuji, K.:

Trends in automatic assembly in Japan.
In: Proceedings of the 9th International Conference on Assembly Automation, March 15-17, 1988, London, S. 3-18.

/9/ Schraft, R.D., u.a.:

Voruntersuchungen über die Möglichkeiten einer europäischen Kooperation im Bereich flexibel automatisierter Montagesysteme (FAMOS). Abschlußbericht Eureka-Projekt EU 72, September 1987.

/10/ Löhr, H.-G.:

Eine Planungsmethode für automatische Montagesysteme.
Mainz: Krausskopf, 1977.
Zugl. Stuttgart, Universität, Diss., 1977.

/11/ Walther, J.:

Montage großvolumiger Produkte.
Berlin: Springer, 1985.
Zugl. Stuttgart, Universität, Diss., 1985.

/12/ o.V.:

VDI-Richtlinie 2860, Blatt 1 (Entwurf).
Handhabungsfunktionen, Handhabungseinrichtungen, Begriffe, Definitionen, Symbole.
Berlin, Köln: Beuth-Verlag 1982.

/13/ o.V.:

DIN 8593 09/85.
Fertigungsverfahren Fügen.
Berlin, Köln: Beuth-Verlag 1985.

/14/ Schraft, R.D.:

Systematisches Auswählen und Konzipieren von programmierbaren Handhabungsgeräten.
Mainz: Krausskopf 1976.
Zugl. Stuttgart, Universität, Diss. 1976.

/15/ o.V.:

Die Montage im flexiblen Produktionsbetrieb:
Ergebnisbericht 1984-85-86 des Sonderforschungsbereichs 158 der Universität Stuttgart.
Stuttgart: Universität, SoFo 158, 1987.

/16/ Frankenhauser, B.: Montage von Schläuchen mit Industrierobotern.
Berlin: Springer, 1988.
Zugl. Stuttgart, Universität, Diss. 1988.

/17/ Schweizer, M.: Taktile Sensoren für programmierbare
Handhabungsgeräte.
Mainz: Krausskopf, 1976.
Zugl. Stuttgart, Universität, Diss. 1978.

/18/ Hopkins, S.H.; A toolbox of assembly strategies.
Bland, C.J.; In: Proceedings of the 19th International Sympo-
Byrne, C.B.: sium on Industrial Robots, April 1988,
S. 145-156.

/19/ Jacobi, P.; Fügemechanismen für die automatische
Volmer, J.: Montage mit Industrierobotern.
In: Maschinenbautechnik 31 (1982) 10,
S. 451-456.

/20/ Frankenhauser, B.: Methoden zum Toleranzausgleich.
In: Montage (1989) 2, S. 26-33.

/21/ Milberg, J.; Stand und Trend der flexiblen Montageauto-
Schmidt, M.: matisierung in der Feinwerktechnik.
In: VDI-Berichte Nr. 747, Automatisierung
der Montage in Feinwerktechnik und Elektrotechnik, März 1989, S. 15-40.

/22/ o.V.: Revolutionierende Uhrentechnologie aus der
Schweiz.
In: Schweizer Maschinenmarkt 89 (1983) 15,
S. 52-55.

/23/ Dinger, R.: Flexible Automatisierung am Beispiel der
Uhrenmontage.
In: VDI-Berichte Nr. 722, 1988, S. 173-189.

/24/ Saigo, T.;
Takado, M.;
Yamazaki, S.;
Takahashi, Y.: An automated assembly line for wrist watches using robots with vision. In: The International Journal of Advanced Manufacturing Technology 1 (1986) 2, S. 57-67.

/25/ Lindenberg, J.: Fertigungsverfahren und flexible Montagetechnik in der Feinwerktechnik. In: wt Werstattstechnik 77 (1987), S. 197-200.

/26/ Frankenhauser, B.;
Dreher, H.: Greifsysteme in der Montage. In: Roboter (1989), Sonderheft Roboter-Markt, S. 30-34.

/27/ Kallweit, W.-A.: Miniaturgreifer nach biologischem Vorbild. Dresden, Technische Universität, Diss. 1988.

/28/ Tatter, A.: Kleinteilegreifer mit Hitzdrahtantrieb. In: Feingerätetechnik 36 (1987) 5, S. 214-215.

/29/ Rienmüller, T.;
Weissmantel, H.: A shape adaptive gripper finger for robots. In: Proceedings of the 18th International Symposium on Industrial Robots, April 26-28, 1988, Lausanne, S. 241-250.

/30/ Rienmüller, T.: Taktile Sensoren und Aktuatoren für den Robotereinsatz in der Montage. In: VDI-Berichte Nr. 747, Automatisierung der Montage in der Feinwerktechnik und Elektrotechnik, März 1989, S. 269-283.

/31/ Doll, T.J.: Entwicklung einer Roboterhand für die Feinmanipulation von Objekten. In: Robotersysteme 3 (1987), S. 167-174.

/32/ Burckhardt, C.W.: Kleinroboter für die Montage bzw. Bestückung feinmechanischer, optischer und elektronischer Baugruppen.
In: Feinwerktechnik und Meßtechnik 93 (1985) 6, S. 321-323.

/33/ Lebet, J.-P.: Assembly with robots in microengineering.
In: Proceedings of the 7th International Conference on Assembly Automation, February 4-6, 1986, Zürich, S. 29-40.

/34/ Shinohara, S.; Chang, Y.H.: Automatic pre-assembling of VHS video cassettes.
In: Proceedings of the 10th International Conference on Assembly Automation, Oct. 23-25, 1989, Tokyo, S. 475-482.

/35/ Nolting, F.W.: Flexible Automatisierung von Fügeprozessen in der Feinwerktechnik - Einhaken von Zugfedern.
In: Feinwerktechnik u. Meßtechnik 94 (1986) 7, S. 455-458.

/36/ Szcesny, D.: Entwicklung und Einsatz von Montagerobotern im Gerätebau.
In: Feingerätetechnik 37 (1988) 6, S. 242-244.

/37/ Sauerbrey, W.; Hofmann, R.; Herrmann, J.; Eberhardt, V.: Prozeßgestaltung der Montage optischer Systeme und ihre Anwendung.
In: Feingerätetechnik 35 (1986) 3, S. 117-120.

/38/ Lehmann, M.: Justieren im Feingerätebau am Beispiel eines Koordinatenmeßgeräts.
In: Feinwerktechnik u. Meßtechnik 95 (1987) 1, S. 23-26.

/39/ Maier, Ch.:

Ein Beitrag zur flexiblen Automatisierung der
Montage unter besonderer Berücksichtigung
des Schraubens mit Industrierobotern.
München, Technische Universität, Diss. 1979.

/40/ Fischer, G.E.:

Montage von Schrauben mit Industrierobotern.
Berlin: Springer, 1990.
Zugl. Stuttgart, Universität, Diss 1990.

/41/ Gweon, D.:

Fügen von biegeschlaffen Steckkontakten mit
Industrierobotern.
Berlin: Springer, 1987.
Zugl. Stuttgart, Universität, Diss. 1987.

/42/ Schlaich, G.:

Kabelbaummontage mit Industrierobotern.
Berlin: Springer, 1988.
Zugl. Stuttgart, Universität, Diss. 1988.

/43/ Diess, H.:

Rechnerunterstützte Entwicklung flexibel auto-
matisierter Montageprozesse.
Berlin: Springer, 1988.
Zugl. München, Technische Universität,
Diss. 1987.

/44/ Wolf, E.:

Bestücken von Leiterplatten mit Industrie-
robotern.
Berlin: Springer 1988.
Zugl. Stuttgart, Universität, Diss. 1988.

/45/ Schweigert, U.:

Richten mit dem Roboter.
In: Roboter (1989) 5, S. 28-30.

/46/ Nevins, J.L.;
      Whitney, D.E.:

Assembly Research.
In: The Industrial Robot 7 (1980) 1, S. 27-43.

/47/ Whitney, D.E.; u.a.:

Part mating theory for compliant parts.
National Technical Information Service,
August 31, 1980.

/48/ Whitney D.E.;
     Gustavson, R.E.;
     Hennessey, M.P.:

Designing Chamfers.
In: The International Journal of Robotics
Research 2 (1983) 4, S. 3-18.

/49/ Cho, H.S.;
     Warnecke, H.J.;
     Gweon, D.:

Robotic assembly: a synthesizing overview.
In: Robotica 5 (1987), S. 153-165.

/50/ Van Brussel, H.;
     Thielemans, H.:

Laser guided robot assembly of printed
circuit boards.
In: Proceedings of the 5th International Confe-
rence on Assembly Automation, 1984, Paris.
Ed. by J. Krautter. Kempston: IFS-Publ.;
Amsterdam: North-Holland Publ., 1984,
S. 75-83.

/51/ Domm, M.:

Kleinserienbestückung von Leiterplatten mit
bedrahteten Bauelementen durch Industrieroboter.
Berlin: Springer, 1990,
Zugl. Stuttgart, Universität, Diss. 1990.

/52/ Volmer, J.;
     Jacobi, P.;
     Schwarz, A.;
     Zachan, H.:

Positionierung von Montagegreifern durch
Industrieroboter.
In: Fertigungstechnik und Betrieb 32 (1982) 12,
S. 742-747.

/53/ Hollis, R.L.;
     Taylor, R.H.;
     Johnson, M.:

Robotic circuit board testing using fine posi-
tioners with fiber-optic sensing.
In: Proceedings of the 15th International Symposium on Industrial Robots, Sept. 11-13, 1985,
Tokyo, Vol.1, S. 315-322.

/54/ Schlaich, G.;
     Gweon, D.;
     Cho, H.S.:

Industrieroboter mit taktilen Sensoren zur
Kontaktteilmontage.
In: wt Werkstattstechnik 77 (1987), S. 671-674.

/55/ Schmieder, L.:

Die Kombination von Näherungssensoren mit einem Kraftmomentensensor.
In: Tagungsband Sensor 88, 3.-5. Mai 1988, Nürnberg, S. 37-51.

/56/ Kazerooni, H.:

Direct-Drive active compliant end effector (aktive RCC).
In: IEEE Journal of Robotics and Automation 4 (1988) 3, S. 324-333.

/57/ Hollis, R.L.;
Allan, A.P.;
Salcudean, S.:

A six degree-of-freedom magnetically levitated variable compliance fine motion wrist.
In: Proceedings of the 4th International Symposium on Robotics Research, Santa Cruz, CA, 1987, S. 241-249.

/58/ Tsuda, M.;
Higuchi, T.;
Fujiwara, S.:

Functions of magnetically supported intelligent hand for automatic precision assembly.
In: Proceedings of the 20th International Symposium on Industrial Robots, Oct. 4-6, 1989, Tokyo, S. 701-708.

/59/ Higuchi, T.;
Tsuda, M.;
Egawa, S.:

Precision assembly of large diameter parts by magnetically supported intelligent hand.
In: Proceedings of the 10th International Conference on Assembly Automation, Oct. 23-25, 1989, Tokyo, S. 467-474.

/60/ Warnecke, H.J.;
Schweizer, M.;
Schöninger, J.:

Musterverarbeitung mit taktilen Sensoren - Konzept eines Modularen Aktiven Greifer-/ Sensorsystems (MAGS).
In: Robotersysteme 3 (1987), S. 65-72.

/61/ Francois, C.;
Artigue, F.:

Automated assembly by reference measurement.
In: Robotica 2 (1984), S. 197-201.

/62/ Hoffman, B.D.;
Pollack, S.H.;
Weissman, B:

Vibratory insertion process: new approach to
non-standard component insertion.
In: Robots 8 Conference Proceedings, June 4-7,
1984, Detroit.
Dearborn, Mi.: SME, 1984, Vol. 1, S. 8-1 - 8-10.

/63/ Jeong, K.W.;
Cho, H.S.;
Lee, C.O.:

On a vibratory assembly method using a PWM
control based pneumatic assembly wrist.
In: Proceedings of the 10th International Conference on Assembly Automation, Oct. 23-25,
1989, Tokyo, S. 87-94.

/64/ Wu, M.H.;
Hopkins, S.:

Strategy for automatic assembly of spline peg/
hole based on stiffness hybrid control.
In: Proceedings of the 10th International Conference on Assembly Automation, Oct. 23-25,
1989, Tokyo, S. 95-105.

/65/ Warnecke, H.J.;
Frankenhauser, B.:

Montage von Schläuchen.
In: Roboter (1988) 1, S. 34-42.

/66/ Caillot, F.;
Kerlidon, M.:

Air stream compliance.
In: Proceedings of the 5th International Conference on Assembly Automation, May 22-24,
1984, Paris, S. 225-233.

/67/ Drake, S.H.;
Watson, P.C.;
Simunovic, S.N.:

High speed robot assembly of precision parts
using compliance instead of sensory feedback.
In: Proceedings of the 7th International Symposium on Industrial Robots, Oct. 19-21, 1977,
Tokyo, S. 87-98.

/68/ Mc Callion, H.;
Johnson, G.R.;
Pham, D.T.:

A compliant device for inserting a peg in a hole.
In: The Industrial Robot 6 (1979) 2, S. 81-87.

/69/ Strip, D.R.:

A passive mechanism for insertion of convex pegs.
In: Proceedings of the 1989 IEEE International Conference on Robotics and Automation, 1989, Scottsdale, AR, S. 242-248.

/70/ Jutard, A.;
      Redarce, T.;
      Fakri, A.;
      Betemps, M.:

Geometric model of the DCR-LAI compliant device.
In: Robotica 7 (1989), S. 151-157.

/71/ Taniguchi, I.;
      Uno, M.:

Air compliance mechanism.
In: Proceedings of the 10th International Conference on Assembly Automation, Oct. 23-25, 1989, Tokyo, S. 123-130.

/72/ Herrmann, G.:

Analyse von Handhabungsvorgängen im Hinblick auf deren Anforderungen an programmierbare Handhabungsgeräte (PHG) in der Teilefertigung.
Stuttgart, Universität, Diss. 1976.

/73/ Frank, H.E.:

Das Verhalten von Werkstücken bei automatischer Handhabung in der Fertigung.
Stuttgart, Universität, Diss. 1974.

/74/ o.V.:

VDI-Richtlinie 2860, Blatt 2, 10/82, Montage- und Handhabungstechnik; Handhabungsfunktionen.
Berlin, Köln: Beuth-Verlag, 1982.

/75/ Warnecke, H.J.;
      Grau, R.;
      Weisener, T.:

Montagezellensteuerungen: Basis der flexiblen Montageautomatisierung.
In: Schweizer Maschinenmarkt 96 (1990) 9, S. 38-43.

/76/   o.V.:   Steuerung von Montagezellen.
                                    Arbeitsgemeinschaft Prozeßperipherie im
                                    VDMA, Frankfurt, 1990.

/77/   Warnecke, H.J.;   Industrieroboter.
       Schraft, R.D.:   Berlin: Springer-Verlag, 1990.

/78/   Pham, D.T.;   Concentric gripping of cylindrical workpieces
       Yeo, S.H.:   using quasi-parallel grippers.
                                      In: Robot Grippers, Ed. by D.T. Pham.
                                      Kempston: IFS-Publ.; Berlin: Springer-Verlag,
                                      1986, S. 229-261.

/79/   Schweigert, U.:   Zeigen wo es lang geht - Entwicklungsstand
                                      sensorgeführter Roboter in der Montage.
                                      In: Maschinenmarkt 97 (1991) 4, S. 30-32.

/80/   Spur, G.;   Sensorunterstütztes Montagesystem.
       Seliger, G.;   In: Robotersysteme 2 (1986), S. 3-8.
       Furgac, I.;
       Diep, T.V.:

/81/   Schlichting, H.;   Aerodynamik des Flugzeugs, Band 1.
       Truckenbrodt, E.:   Berlin u.a.: Springer, 1967.

/82/   Militzer, F.:   Schwingungserregter Fügemechanismus mit
                                      Unwuchterregung.
                                      In: Feingerätetechnik 37 (1989) 11,
                                      S. 490-492.

/83/   Warnecke, H.J.;   Fitting of crimp contacts to connectors using
       Frankenhauser, B.;   industrial robots supported by vibrating tools.
       Gweon, D.;   In: Robotica 6 (1989), S. 123-129.
       Cho, H.S.:

/84/ Ohishi, M.;
Kakinuma, T.;
Yokoyama, S.:

One procedure concerning the peg-hole insertion of the assembly process.
In: Proceedings of the 15th International Symposium on Industrial Robots, Sept. 11-13, 1985, Tokyo, Vol. 2, S. 811-817.

/85/ Warnecke, H.J.;
Schweizer, M.;
Schweigert, U.:

Toleranzausgleich in der Präzisionsmontage.
In: Montage (1990) 1, S. 40-46.

/86/ Krause, W.:

Konstruktionselemente der Feinmechanik.
München: Hanser-Verlag, 1989.

/87/ Herfter, D.:

Zur Auslegung ungesteuerter Fügemechanismen mit elastomeren Federelementen.
In: Wiss. Z. d. Techn. Hochschule Karl-Marx-Stadt 27 (1985) 5, S. 753-761.

/88/ Klotter, K.:

Technische Schwingungslehre, Band 1: Einfache Schwinger, Teil A: Lineare Schwingungen, 3. Auflage.
Berlin: Springer-Verlag, 1988.

/89/ Dietmann, H.:

Einführung in die Festigkeitslehre.
Stuttgart: Kröner-Verlag, 1982.

/90/ o.V.:

IBM Robot System/1: General Information Manual and User's Guide.
International Business Machines Corporation, 1981.

/91/ o.V.:

Position Measurement Kit: User's Manual.
SiTek Electro Optics, Sweden, 1989.

IPA Forschung und Praxis

Schriftenreihe aus dem Institut für Produktionstechnik und Automatisierung, Stuttgart

Herausgeber: Prof. Dr.-Ing. H. J. Warnecke

Datenerfassung im Produktionsbereich
Von E. Bendeich. ISBN 3-7830-0117-8.
1977, 176 Seiten, kartoniert. 54,— DM

Methodenauswahl für die Materialbewirtschaftung in Maschinenbau-Betrieben
Von H. Graf. ISBN 3-7830-0136-6.
1977, 144 Seiten, kartoniert. 54,— DM

Systematische Auswahl von Förderhilfsmitteln für den innerbetrieblichen Materialfluß
Von W. Rau. ISBN 3-7830-0139-0.
1977, 103 Seiten, kartoniert. 40,— DM

Grundlagen zur Planung von Ersatzteilfertigungen
Von E. Schulz. ISBN 3-7830-0138-2.
1977, 98 Seiten, kartoniert. 40,— DM

Rechnerunterstützte Fabrikplanung
Von B. Minten. ISBN 3-7830-0116-1.
1977, 124 Seiten, kartoniert. 38,— DM

Eine Planungsmethode für automatische Montagesysteme
Von H.-G. Löhr. ISBN 3-7830-0120-X.
1977, 108 Seiten, kartoniert. 32,— DM

Planung und Bewertung von Arbeitssystemen in der Montage
Von H. Metzger. ISBN 3-7830-0131-5.
1977, 108 Seiten, kartoniert. 40,— DM

Klassifizierungssystem für Prüfmittel der industriellen Längenprüftechnik
Von R. Czetto. ISBN 3-7830-0144-7.
1978, 181 Seiten, kartoniert. 64,— DM

Rechnerunterstützte Montageplanung
Von O. Hirschbach. ISBN 3-7830-0149-8.
1978, 146 Seiten, kartoniert. 52,— DM

Rechnerunterstützte Entwicklung von Simulationsmodellen für Unternehmensplanspiele
Von A. Moker. ISBN 3-7830-0147-1.
1978, 181 Seiten, kartoniert. 64,— DM

Arbeitsplatzanalysen zur Ermittlung der Einsatzmöglichkeiten und Anforderungen an Industrieroboter
Von G. Herrmann. ISBN 37830-0151-X.
1978, 113 Seiten, kartoniert. 40,— DM

MFSP — Ein Verfahren zur Simulation komplexer Materialflußsysteme
Von G. Stemmer. ISBN 3 7830 0118 8.
1977, 140 Seiten, kartoniert. 60,— DM

Berührungslose Erkennung durch Positionsbestimmung von Objekten durch inkohärent-optische Korrelation
Von M. König. ISBN 3-7830-0137-4.
1977, 110 Seiten, kartoniert. 40,— DM

Auslegung von Störungspuffern in kapitalintensiven Fertigungslinien
Von R. v. Stetten. ISBN 3-7830-0140-4.
1977, 154 Seiten, kartoniert. 56,— DM

Flexible Transportablaufsteuerung
Von G. Römer. ISBN 3-7830-0114-5.
1977, 188 Seiten, kartoniert. 60,— DM

Rechnergestützte Realplanung von Fabrikanlagen
Von T.-K. Sauter. ISBN 3-7830-0119-6.
1977, 108 Seiten, kartoniert. 32,— DM

Systematisches Auswählen und Konzipieren von programmierbaren Handhabungsgeräten
Von R. D. Schraft. ISBN 3-7830-0115-3.
1977, 108 Seiten, kartoniert. 32,— DM

Auslandsproduktion
Von W. Cypris. ISBN 3-7830-0145-5.
1978, 126 Seiten, kartoniert. 42,— DM

Wirtschaftlicher Einsatz von Mehrkoordinatenmeßgeräten
Von M. Dietzsch. ISBN 3-7830-0148-X.
1978, 142 Seiten, kartoniert. 52,— DM

Fertigungssteuerung bei flexiblen Arbeitsstrukturen
Von K.-G. Lederer. ISBN 3-7830-0146-3.
1978, 128 Seiten, kartoniert. 42,— DM

Untersuchungen zum Polieren und Entgraten durch elektrochemisches Oberflächenabtragen
Von K. Zerweck. ISBN 3-7830-0150-1.
1978, 110 Seiten, kartoniert. 40,— DM

Stufenweise Ableitung eines praktischen Planungssystems für den Entwicklungsbereich
Von R. Hichert. ISBN 3-7830-0149-8.
1978, 151 Seiten, kartoniert.   52,— DM

Produktionsplanung mit Auftragsfamilien
Von U. W. Geitner. ISBN 3-7830-0161.7.
1979, 110 Seiten, kartoniert.   45,— DM

Thermisch-chemisches Entgraten
Von T. Wagner. ISBN 3-7830-0164-1.
1979, 111 Seiten, kartoniert.   45,— DM

Untersuchung der Materialflußkosten bei ausgewählten Systemen der Zentralen Arbeitsverteilung
Von R. Wenzel. ISBN 3-7830-0162-5.
1979, 168 Seiten, kartoniert.   86,— DM

Anpassung und Einführung eines Planungssystems für die Ablaufplanung im Konstruktionsbereich
Von W. Dangelmaier. ISBN 3-7830-0163-3.
1979, 168 Seiten, kartoniert.   80,— DM

Längenmessungen an bewegten Teilen mit berührungslos wirkenden Aufnehmern
Von H. Lang. ISBN 3-7830-0157-9.
1979, 89 Seiten, kartoniert.   42,— DM

Untersuchung multistabiler Strömungselemente und ihr Einsatz in sequentiellen Steuerungen
Von A. Ernst. ISBN 3-7830-0157-9.
1979, 122 Seiten, kartoniert.   48,— DM

Taktile Sensoren für programmierbare Handhabungsgeräte
Von M. Schweizer. ISBN 3-7830-0158-7.
1979, 91 Seiten, kartoniert.   42,— DM

Die rechnerunterstützte Prüfplanung
Von P. Blasing. ISBN 3-7830-0152-8.
1979, 100 Seiten, kartoniert.   44,— DM

Verfahren zur Fabrikplanung im Mensch-Rechner-Dialog am Bildschirm
Von W. Ernst. ISBN 3-7830-0156-0.
1979, 218 Seiten, kartoniert.   72,— DM

Rechnerunterstütztes Verfahren zur Leistungsabstimmung von Mehrmodell-Montagesystemen
Von M. Gorke. ISBN 3-7830-0155-2.
1979, 139 Seiten, kartoniert.   50,— DM

Standortbezogene Betriebsmittel
Von G. Pflieger. ISBN 3-7830-0167-6.
1979, 127 Seiten, kartoniert.   52,— DM

Die betriebswirtschaftliche Beurteilung neuer Arbeitsformen
Von B.-H. Zippe. ISBN 3-7830-0168-4.
1979, 350 Seiten, kartoniert.   98,— DM

Untersuchung des Arbeitsverhaltens programmierbarer Handhabungsgeräte
Von B. Brodbeck. ISBN 3-7830-0169-2.
1979, 117 Seiten, kartoniert.   48,— DM

Untersuchung eines kohärent-optischen Verfahrens zur Rauheitsmessung
Von N. Rau. ISBN 3-7830-0174-9.
1979, 117 Seiten, kartoniert.   48,— DM

Entwicklung einer programmierbaren, pneumatischen Steuerung
Von D. Klemenz. ISBN 3-7830-0171-4.
1979, 93 Seiten, kartoniert.   42,— DM

IPA Forschung und Praxis

Berichte aus dem Fraunhofer-Institut für Produktionstechnik und Automatisierung, Stuttgart, und dem Institut für Industrielle Fertigung und Fabrikbetrieb der Universität Stuttgart

Herausgeber: Prof. Dr.-Ing. H. J. Warnecke

IPA-IAO Forschung und Praxis

Berichte aus dem Fraunhofer-Institut für Produktionstechnik und
Automatisierung (IPA), Stuttgart, Fraunhofer-Institut für Arbeitswirtschaft
und Organisation (IAO), Stuttgart, und Institut für Industrielle Fertigung
und Fabrikbetrieb der Universität Stuttgart

Herausgeber: Prof. Dr.-Ing. H. J. Warnecke und Prof. Dr.-Ing. H.-J. Bullinger

80 **Flexibilität und Kapazität von Werkstückspeichersystemen**
Von Bernhard Graf. ISBN 3-540-13970-2.
1984, 115 Seiten mit 71 Abbildungen.   63,— DM

T1 **Flexible Fertigungssysteme**
17. IPA-Arbeitstagung zusammen mit der 3. Internationalen Konferenz
„Flexible Manufacturing Systems (FMS-3)". ISBN 3-540-13807-2.
1984, 249 Seiten mit zahlreichen Abbildungen.   118,— DM

T2 **Integrierte Bürosysteme**
3. IAO-Arbeitstagung. ISBN 3-540-13978-8.
1984, 633 Seiten mit zahlreichen Abbildungen.   168,— DM

81 **Rechnerunterstützte Planung von Montageablaufstrukturen für Erzeugnisse der Serienfertigung**
Von Ernst-Dieter Ammer. ISBN 3-540-15056-0.
1985, 120 Seiten mit 1 Faltblatt und 33 Abbildungen.   63,— DM

82 **Flexibilität von personalintensiven Montagesystemen bei Serienfertigung**
Von Heinrich Vähning. ISBN 3-540-15093-5.
1985, 152 Seiten mit 49 Abbildungen.   63,— DM

83 **Ordnen von Werkstücken mit programmierbaren Handhabungsgeräten und Werkstückerkennungssensoren**
Von Ingo Schmidt. ISBN 3-540-15375-6.
1985, 111 Seiten mit 66 Abbildungen.   63,— DM

84 **Systematische Investitionsplanung**
Von Jorge Moser. ISBN 3-540-15370-5.
1985, 190 Seiten mit 69 Abbildungen.   63,— DM

T3 **Montage · Handhabung · Industrieroboter**
Internationaler MHI-Kongreß im Rahmen der Hannover-Messe '85. ISBN 3-540-15500-7.
1985, 267 Seiten mit zahlreichen Abbildungen.   128,— DM

85 **Flexible Montagesysteme – Konzeption und Feinplanung durch Kombination von Elementen**
Von Peter Konold / Bernd Weller. ISBN 3-540-15606-2.
1985, 162 Seiten mit 71 Abbildungen und 9 Tabellen.   63,— DM

T4 **Menschen · Arbeit · Neue Technologien**
4. IAO-Arbeitstagung zusammen mit der 2. Internationalen Konferenz
„Human Factors in Manufacturing". ISBN 3-540-15763-8.
1985, 442 Seiten mit zahlreichen Abbildungen.   168,— DM

86 **Leitstandunterstützte kurzfristige Fertigungssteuerung bei Einzel- und Kleinserienfertigung**
Von Lothar Aldinger. ISBN 3-540-15903-7.
1985, 151 Seiten mit 49 Abbildungen und 2 Tabellen.   63,— DM

87 **Bestimmen des Bürstenverhaltens anhand einer Einzelborste**
Von Klaus Przyklenk. ISBN 3-540-15956-8.
1985, 117 Seiten mit 74 Abbildungen.   63,— DM

88 **Montage großvolumiger Produkte mit Industrierobotern**
Von Jörg Walther. ISBN 3-540-16027-2.
1985, 125 Seiten mit 58 Abbildungen.   63,— DM

89 **Algorithmen und Verfahren zur Erstellung innerbetrieblicher Anordnungspläne**
Von Wilhelm Dangelmaier. ISBN 3-540-16144-0.
1986, 268 Seiten mit 79 Abbildungen.   68,— DM

90 **Bewertung der Instandhaltung von Fertigungssystemen in der technischen Investitionsplanung**
Von Hagen U. Uetz. ISBN 3-540-16166-X.
1986, 129 Seiten mit 38 Abbildungen.   68,— DM

91 **Entgraten durch Hochdruckwasserstrahlen**
Von Manfred Schlatter. ISBN 3-540-16172-4.
1986, 167 Seiten mit 89 Abbildungen und 18 Tabellen.   68,— DM

92 **Werkstückorientierte Verfahrensauswahl zum Gußputzen mit Industrierobotern**
Von Wolfgang Sturz. ISBN 3-540-16224-0.
1986, 166 Seiten mit 50 Abbildungen.   68,— DM

93 **Verfahren zur Verringerung von Modell-Mix-Verlusten in Fließmontagen**
Von Reinhard Koether. ISBN 3-540-16499-5.
1986, 175 Seiten mit 46 Abbildungen und 1 Tabelle.   68,— DM

94 **Entwicklung und Einsatz eines interaktiven Verfahrens zur Leistungsabstimmung von Montagesystemen**
Von Günter Schad. ISBN 3-540-16978-4.
1986, 120 Seiten mit 31 Abbildungen und 1 Tabelle.   68,— DM